바우길 편지

일러두기 ___

이 책 본문에서 도서명은《 》, 논문과 시 제목은 ' ', 신문과 방송, 잡지 및 정기간행물은 〈 〉로 구분, 표시하였습니다.

본문에 수록한 바우길 코스 지도는 (사)강릉바우길(http://www.baugil.org)에서 제공해 주었습니다.

바우길 편지

초판 1쇄 인쇄일 2020년 6월 5일
초판 1쇄 발행일 2020년 6월 12일

글·사진 김영식
펴 낸 이 최길주

펴 낸 곳 도서출판 BG북갤러리
등록일자 2003년 11월 5일(제318-2003-000130호)
주소 서울시 영등포구 국회대로72길 6, 405호(여의도동, 아크로폴리스)
전화 02)761-7005(代)
팩스 02)761-7995
홈페이지 http://www.bookgallery.co.kr
E-mail cgjpower@hanmail.net

ISBN 978-89-6495-170-5 03980

* 저자와 협의에 의해 인지는 생략합니다.
* 잘못된 책은 바꾸어 드립니다.
* 책값은 뒤표지에 있습니다.

이 도서의 국립중앙도서관 출판시도서목록(CIP)은 e-CIP홈페이지(http://www.nl.go.kr/ecip)와 국가자료공동목록시스템(http://www.nl.go.kr/kolisnet)에서 이용하실 수 있습니다.
(CIP제어번호 : CIP2020022480)

우체국 사람들의 '강릉 바우길' 답사기

바우길 편지

김영식 글 · 사진

바우길을 걸으면 강릉이 보인다

바우길 전 구간(17개)을 차례차례 걸으면서
길 위에 스며있는 선조들의 흔적을 더듬어
재미있는 이야기로 풀어낸 인문학 에세이

북갤러리

프롤로그 Prologue

바우길을 걸으면 강릉이 보인다

도시인에게 강릉은 로망이다. '강릉'하면 가장 먼저 떠오르는 장면이 경포해변과 대관령, 커피거리다. 사람들은 강릉에서 맛집과 호텔, 바다 풍경만 보고 돌아간다. 국내외 유명 도시를 다녀온 자에게 무엇을 보고 왔느냐고 물어보면 스마트 폰에 저장한 몇 장의 사진을 보여준다. 도시의 겉모습만 보고 온 것이다. 강릉 바우길을 걷기 전까지는 나도 그랬다.

2018년 7월 강릉과 인연을 맺고 틈틈이 경포호수와 남대천, 해송숲길을 걸었다. 걷다보니 문득 '강릉의 속살'이 보고 싶었다. 사람들과 소통하고 싶었지만, 퇴근 후 밥 먹고 술 먹는 일이 고작이었다. 아쉬웠다. 강릉 바우길은 두 가지를 한 번에 해결해 주었다. 강릉 바우길은 강릉의 산과 숲, 호수와 바다, 마을과 마을을 이어주는 징검다리요, 강릉이 낳은 인물과 유적지를 아우르는 전통과 역사의 길이다. 대관령 옛길부터 안반데기에 이르는 전체 17구간 230여 km에 이르는 자연친화적인 길이다. 제주 올레길, 지리산 둘레길과 더불어 한국의 3대 명품 길로 알려져 있다.

2019년 초 '강릉 바우길 걷기' 계획을 알렸다. 자율적이라고 했지만 반강제가 아니냐는 의심의 눈초리도 있었다. 목적이 순수하고 의지가 굳으면 함께하는 자가 있기 마련이다. "세 사람만 모여도 간다. 비용은 n분의 1이다. 들고 나는 건 자유다"라고 했다. 함께하는 자가 차츰 늘어났다. 걷고 난 후 답사기를 썼다. 걷기 전에 공부하고, 걸으면서 관찰하고, 걷고 난 후 글을 썼다. 역사자료와 유적지를 살폈고 서적을 펼쳤다. 보면 볼수록 알면 알수록 강릉의 매력에 빠져들었다. 나는 길을 걸을 때마다 그곳에서 태어나고 자란 사람과 그 지역 우편물을 배달하는 집배원과 동행했다. 그들은 마을의 과거와 현재를 알려주었고, 자신들이 살아온 파란 많고 굴곡진 삶의 이야기를 털어놓았다. 책에는 살아오면서 한 번도 꽃피어 보지 못한 자들의 상처와 눈물자국이 군데군데 담겨있다.

답사기는 우정사업본부 사내게시판에 17회 연재하여 전국에 강릉 바우길을 알리고 강릉의 구석구석을 생생하게 보여주었다. 강릉 사람들은 바우길을 걸으면서 강릉의 진면목을 알게 되었다"고 했고, "한 직장에 있으면서도 바쁘다는 이유로 데면데면했던 동료와도 가까워질 수 있었다"고 했다.

2019년 말 강릉 바우길 사무국장 이기호 선생을 만났다. 그는 소설가 이순원 선생과 함께 강릉 바우길을 개척한 산악인이다. 그는 "제주 올레길은 여행기와 답사기가 수두룩한데 강릉 바우길은 책이 부족하다. 답사기를 책으로 펴내어 바우길을 널리 알릴 수 있는 계기가 되었으면 좋겠다"고 했다. 함께 했던 우체국 바우회 회원들의 격려도 큰 힘이 되었다.

책이 나오기까지 많은 분이 격려와 도움을 주셨다. 어떤 분은 댓글로, 어떤 분은 전화로, 어떤 분은 정성스럽게 만든 음식으로 마음을 데워주었다. 강릉 우체국 바우회를 이끌었던 김성호, 조기완, 홍동호 주무관의 헌신은 잊을 수 없다. 덕담과 너털웃음, 흔쾌한 자료제공으로 용기를 불어넣어주었던 이기호 선생의 응원은 보약과 비타민이었다. 디자인과 편집에 이르기까지 세심한 배려를 아끼지 않았던 북갤러리 최길주 대표의 노고가 없었더라면 한 권의 책으로 태어나지 못했을 것이다.

이제 1년 6개월여 회임(懷妊) 기간을 거쳐 어렵사리 태어난 활자를 세상으로 보낸다. 강릉 여행을 꿈꾸는 자들이 맑고 고운 눈으로 사람과 풍경을 관찰하고, 보이는 것 이면에 스며있는 인문과 역사의 시간을 상상하는 데 작은 도움이 되었으면 좋겠다.

2020년 짙푸른 유월

파도치는 강릉 해변이 바라보이는 커피숍에서

김영식 쓰다.

강릉 바우길 답사일정

❶ **기간** : 2019년 1월 11일 ~ 11월 2일

❷ **구간 및 거리** : 17구간 연 228km

❸ **참석인원** : 연간 326명(평균 19명)

❹ **구간별 답사내역**

구간	길 이름	답사 일자	거리(km)	참석인원	답사기 제목
1	선자령 풍차길	01. 19.	12	11	'소확행'과 '돈빽줄'
2	대관령 옛길	02. 23.	14.7	17	유대관령망친정
3	어명을 받은 소나무길	03. 09.	11.7	19	어명이요!
4	사천 둑방길	03. 23.	18.2	18	길 위에서 허균을 생각하다
5	바다 호숫길	04. 06.	16.0	21	산불, 허난설헌 그리고 커피
6	굴산사 가는 길	04. 20.	17.0	20	살아 학산, 죽어 왕산
7	풍호 연가 길	05. 11.	17.7	19	범일국사가 정치를 했다고?
8	산우에 바닷길	05. 25.	9.3	17	북한 잠수함과 진돗개 하나
9	헌화로 산책길	06. 06.	13.2	22	모래시계와 부대찌개
10	심스테파노 길	06. 22.	11	18	너는 어느 쪽이냐?
11	신사임당 길	07. 06.	16.3	14	선교장의 비밀
12	주문진 가는 길	07. 21.	12.5	18	사랑하면 알게 되고, 알면 보이나니
13	향호리 바람 길	08. 18.	15	16	참외 할머니와 돌탑 노부부
14	초희 길	09. 21.	11	19	리더는 무엇으로 사는가?
15	수목원 가는 길	10. 09.	15	18	신복사지, 가을에 물들다
16	학이시습지길	10. 19.	10.5	17	학이시습지 불역열호
17	안반데기 구름길	11. 02.	6.2	42	안반데기를 아십니까?
	합계		228.0	326	

차례 Contents

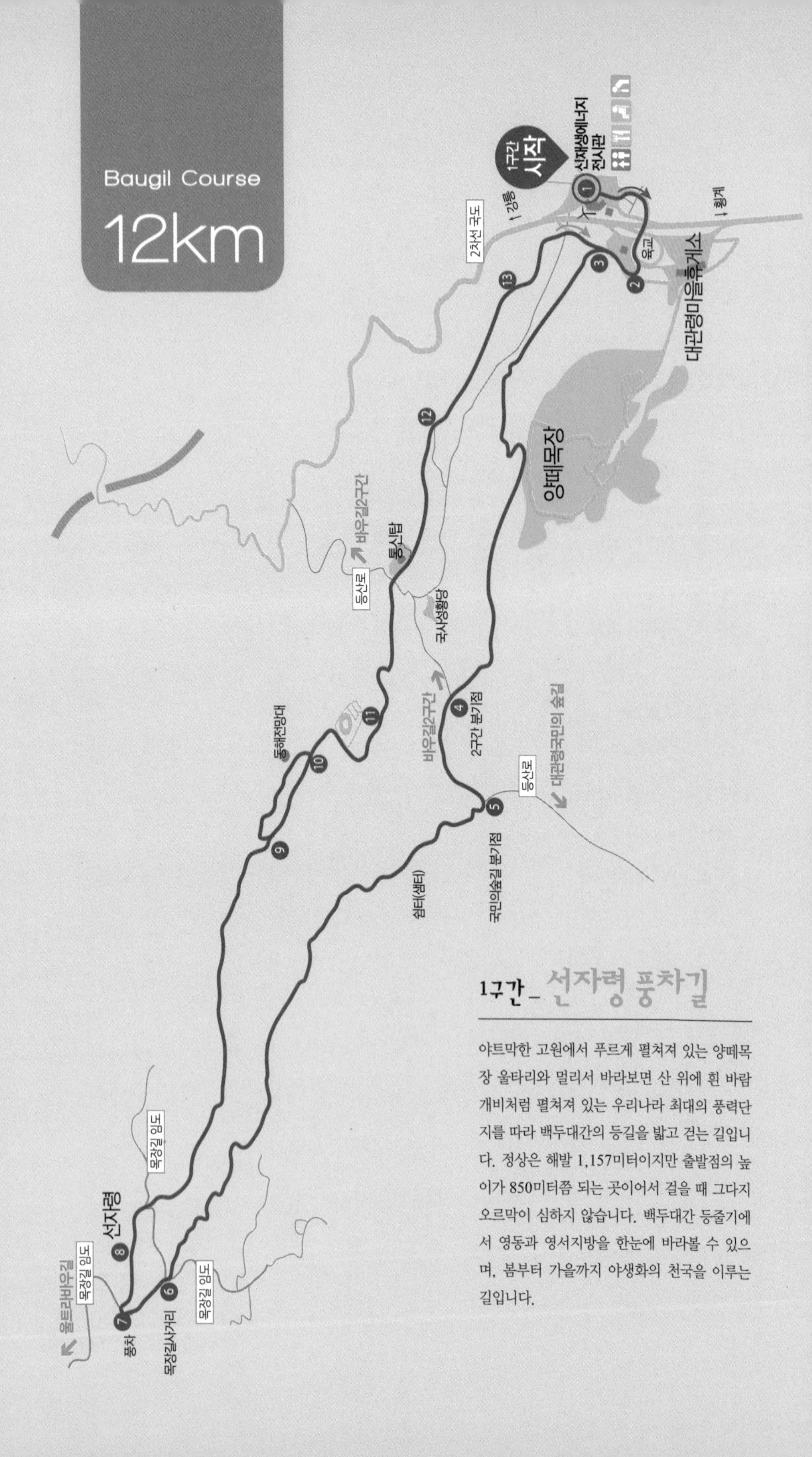

1구간_ 선자령 풍차길

야트막한 고원에서 푸르게 펼쳐져 있는 양떼목장 울타리와 멀리서 바라보면 산 위에 흰 바람개비처럼 펼쳐져 있는 우리나라 최대의 풍력단지를 따라 백두대간의 등길을 밟고 걷는 길입니다. 정상은 해발 1,157미터이지만 출발점의 높이가 850미터쯤 되는 곳이어서 걸을 때 그다지 오르막이 심하지 않습니다. 백두대간 등줄기에서 영동과 영서지방을 한눈에 바라볼 수 있으며, 봄부터 가을까지 야생화의 천국을 이루는 길입니다.

'소확행(小確幸)'과 '돈빽줄'

사람들은 할 말이 많다. 기분이 좋으면 기분이 좋은 대로 화가 나면 화가 나는 대로 속마음을 털어놓고 인정받고 공감해주기 원한다. 말을 못하면 스트레스가 되고 스트레스가 쌓이면 병이 된다. 살아남기 위해서 때로는 가면을 몇 개씩 쓰고 산다. 가면만 아니라 마음속에 아픈 상처 몇 개쯤은 안고 산다. 퇴근하면 술집이 사람들로 가득차고, 명절만 되면 고향 가는 길이 막히는

이유다. 우리 사회는 말과 이야기에 굶주려 있다. 걸으면서 말과 음식을 나누며 소통할 수 있는 방법은 없을까? 일상에서 벗어나 누군가와 함께 걸으며 마음속에 꾹꾹 담아두었던 이야기를 풀어낼 수 있는 자리가 없을까?

있다. 그곳이 바로 강원도 숲길이요, 산길이요, 바닷길이다. 강원도는 한국의 허파요, 한국의 아마존이다. 강원도에는 136만 9천ha의 숲이 있다. 하루 6천만 명이 숨 쉴 수 있는 양이다.

미세먼지가 극성이다. 세계보건기구는 "미세먼지가 건강을 해치는 가장 위험한 환경요소"라고 했다. 북서풍을 타고 불어오는 미세먼지도 대관령을 넘지 못한다.

강릉은 무공해 청정지역이다. 산과 숲과 바다의 고장이다. 마을 곳곳 소나무 향기가 배어있는 '솔향 도시'다. 이율곡과 신사임당, 허균, 허난설헌을 배출한 '문향(文香) 도시'다.

'강릉 바우길'은 전체 17구간 325km다. '바우'는 바위의 강원도 사투리다. '강릉 바우길'은 소설가 이순원과 산악인 이기호가 강릉의 산과 숲과 바다를 답사하며 조상들의 흔적을 찾고 더듬어 인문과 역사의 옷을 입히고 숨결을 불어넣은 명품길이다.

금강소나무 숲길

바우길 걷기 첫 모임을 가졌다. 회칙을 정하고 회장과 총무와 카페지기를 뽑았다. 서로 손을 들었다. 무슨 모임이든 힘든 일은 서로 안 하려고 하는데 의외다. 원칙을 정했다. 먹을 것은 각자, 비용은 공동부담, 들고 나는 건 자유다.

바다부채길

2019년 1월 19일 대관령(大關嶺, 892m)휴게소다. 대관령은 영동과 영서를 잇는 큰 고개다. 1996년 강릉문화원에서 펴낸 《강릉시사(江陵市史)》에는 "고개가 험해 오르내릴 때 대굴대굴 구르는 고개라는 뜻에서 대굴령을 음차(音借)해서 대관령이 되었다"고 했다.

첫 구간은 이곳에서 양떼목장 옆길과 선자령을 지나, 제자리로 돌아오는 12km '선자령 풍차길'이다.

"시작이 반입니다. 열한 명 모두 끝까지 함께 할 수 있기를 빕니다."

들머리는 선자령과 양떼목장 중간이다.

김태국은 "그동안 네 번이나 왔다 갔지만 그때는 아무 생각 없이 걸어서 바우길인지 몰랐다"고 했다.

곳곳이 빙판길이다. 계곡 얼음장 밑으로 물소리가 들린다. 곧 입춘(立春)이다. 찬바람 속에 봄기운이 묻어난다.

중국 후한(後漢) 때 왕충(王充)은 "얼음 석 자 어는 데는 시간이 걸린다(氷凍三尺 非一之寒)"고 했다. 무엇이든지 하루아침에 되는 법은 없다. 깨어지고 넘어지고 일어나기를 반복하면서 내공이 쌓이는 법이다.

산 공기가 맑고 차다. 심복희가 인디언 감자를 꺼냈다.

“먹어보세요. 사포닌이 가득한 건강식품입니다. 조금 퍽퍽하니까 물 하고 같이 드셔야 합니다.”

이경희는 보온병에 담아온 따끈따끈한 커피를 따라준다. 나는 곶감과 사과를 꺼냈다. 음식을 나누니 닫혔던 마음이 열리고 웃음꽃이 피어난다.

숲에 들면 소통이 절로 된다. 숲은 자연이 인간에게 주는 선물이자 축복이다. 산철쭉과 전나무 사이로 속새 밭이 이어진다. 속새는 제주도와 강원도 북부에서 자라는 사철 다년생 풀이다. 줄기는 가구 닦는 재료로 쓰이고 끓여먹기도 한다. 군데군데 겨우살이가 눈에 띈다.

심복희가 말했다. “친정에 가면 겨우살이가 많아요. 7m 정도 되는 갈퀴 달린 나무로 꺾어서 차로 달여 먹고 있어요. 이곳은 산림자원 채취금지구역이라 아직도 남아있네요.”

심복희는 홍천 자은 사람이다. 윤상규와 초등학교 동창이다. 늘 붙어 다니는 금슬 좋은 부부다.

홍광호에게 물었다.

“우편물 배달하면서도 많이 걷는데 어떻게 오게 되었어요?”

“일하면서 걷는 건 노동입니다. 택배를 들고 전화 받으면서 뛰어다니다 보면 정신이 하나도 없는데, 이렇게 편안하게 걸으니 참 좋습니다.”

그는 양팔이 불편하다.

“오토바이 타고 배달하다가 꺾이고 삐고 넘어져서 온전한 데가 하나도 없습니다.”

입사 이후 앞만 보고 달려왔던 그가 바우길에서 숨고르기를 하고 있다.

숲길이 고요하다. 바람 한 점 없다. 곤줄박이가 졸참나무 구멍 사이로 쪽쪽 소리를 내며 들락거린다.

이경희가 "어머! 어머!"를 연발한다.

숲에 들면 귀가 열리고 마음이 열린다. 산길이나 숲길을 걸을 때 라디오나 노래를 크게 틀어놓고 걷는 자가 있는데, 이건 자연이 주는 축복을 거절하는 것이다.

겨우살이

곤줄박이

대관령 양떼목장이다. 대관령 축산고등학교를 다녔던 고향 친구가 있었다. 소나 양을 키우며 산기슭에 묻혀 사는 게 꿈이었는데 꿈을 이루지 못하고 죽었다. 이따금씩 이곳에 오거나 '나는 자연인이다' 프로그램을 볼 때마다 친구 모습이 떠오른다.

연리지 그루터기다. 윤상규, 심복희 부부가 걸터앉아 신혼부부 포즈를 취했다. 부부도 자주 다녀야 저런 포즈가 나온다. 자작나무 숲길이 이어진다. 자작나무는 아궁이 불쏘시개로 좋다. 불에 탈 때 '자작자작' 소리가 난다고 자작나무다. 종이가 귀할 땐 자작나무 껍질에 글을 썼다고 한다.

남자들은 모였다 하면 군대 얘기다. 우리나라처럼 군대 얘기가 화제가 되는 곳이 또 있을까? 강원도 하면 춘천 102보충대다. 남자들한테는 '102보'로 통한다. 군대 갔다 온 남자 세 명 중 한 명에겐 추억과 그리움의 상징이었던, '제1야전군 사령부 102보충대'는 2016년 9월 27일 문을 닫았다. 최전방 하면 후배 한 명이 생각난다. 그는 화천 7사단 GOP대대 경계병으로 근무했다. 우체국 입사 전 건설회사 면접시험을 봤다.

면접위원이 물었다.

"군대 생활 어디서 했어요?"

"화천 7사단 GOP에서 했습니다."

"GOP? 당신은 돈도 없고 빽도 없고 줄도 없는 사람이네."

충격이었다. 후배는 자랑스럽게 얘기했는데 그게 아니었다. 결국 떨어졌다. 이후로 그는 누가 군대 얘기만 하면 입을 닫았다. '돈', '빽', '줄.' 아! 이건 '서민의 자식'에게 눈물 나는 얘기다. 누가 뭐라 해도 우리 사회는 아직도 돈, 빽, 줄로부터 자유롭지 못하다.

후배를 떨어뜨린 그 회사는 얼마 안 가서 망했다. 문재인 대통령은 취임사에서 이렇게 말했다.

"기회는 공정하고, 과정은 투명하며, 결과는 정의로울 것입니다."

간식시간이다. 한방차도 있고 고구마와 초코파이, 연양갱도 있다. 서로서로 음식을 나누며 금방 친해진다. 바우길에 오기 위하여 김태국은 새벽 5시에 일어나 계란을 삶았고, 김광진은 김밥을 말았다. 김성호는 자다 깨다를 반복했다. 김광진은 교회장로요 야생화 사진작가다. 김태국은 애주가다. 술 먹는 데 쓴 돈만 해도 2~3억 원은 될 거라고 했다. 그는 결국 병이 났고 술을 끊었다. 김성호는 해남 사람이다. 몇 가지 직업을 거쳐서 늦깎이로 우체국에 들어왔다.

삶은 나누고 베푸는 일이다(윤상규와 이경희).

낙엽송 길이 이어진다. 쭉쭉 뻗은 낙엽송은 밑동을 잘라서 전봇대로 썼다. 울퉁불퉁한 나무는 쓰임새가 적어서 수명이 길다. 어디 나무만 그럴까?

김성호는 초등학교 때 배운 나무 이름을 노래가사로 줄줄 왼다. "칼로 베어 피나무, 방귀 뀐다 뽕나무, 덜덜 떠는 사시나무, 입 맞춘다 쪽 나무, 십리 못가 오리나무, 오자마자 가래나무."

나무 이름을 이야기로 풀어내니 머리에 쏙쏙 들어온다. 유명 학원 족집게 강사도 어려운 과목을 쉽고 재미있는 이야기로 풀어내어 가르치지 않을까?

선자령 갈림길이다. 하얀 풍차가 서 있다. 마루금 곳곳이 풍차로 넘쳐난다. 풍력발전도 좋지만 미관이나 자연환경 보존도 생각해야 한다. 지나침은 모자람만 못하다. 선자령(仙子嶺, 1,157m)이다. 선자령은 대관령과 곤신봉(坤申峰) 사이에 있는 백두대간 고개다. 신경준은 《산경표(山徑表)》에서 '대관산(大關山)'이라 했고, 《동국여지도》에는 '보현산', 《태고사법》에는 '만월산(滿

月山)'이라 했다. 그러나 민초들은 계곡이 아름다워 선녀가 아들을 데리고 와서 목욕하고 놀다가 하늘로 올라갔다고 '선자령'이라 불렀다. 고개는 하나인데 이름이 4개다. 보는 사람 따라 다르고 시대 따라 다르다. 자기 눈에 안경이다.

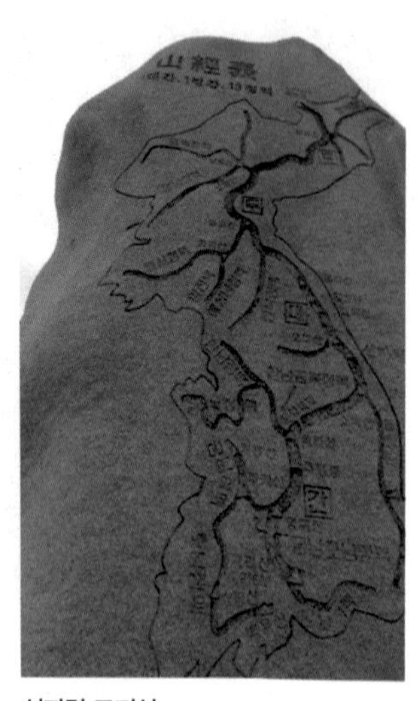
선자령 표지석

선자령은 눈과 바람으로 유명하다. 바람이 차고 매섭다. 나무는 키가 작고 동쪽으로 휘어졌다. 비바람과 눈보라 속에서 살아남기 위해 키를 낮추고 뿌리를 깊이 내렸다. 자연은 묵언으로 가르침을 준다. 표지석 뒤로 1 대간 1 정간 13 정맥 지도가 새겨졌다. 매봉과 소황병산을 잇는 마루금이 한눈이다. 동해가 지척이다. 백두대간을 함께 걷던 동료 산악인 모습이 떠오른다. 어떤 때는 허리까지 빠지는 눈을 헤쳤고, 어떤 때는 푸른 초원 위를 사뿐사뿐 걸었다. '산천은 의구한데 인걸은 간 데 없다.'

전영재는 흙길에도 아랑곳하지 않고 아이젠을 차고 걷는다. 그는 평창 살 때 교통사고로 팔을 다쳐 운전을 안 한다. 교통사고 트라우마다. 길을 걸으면 내면에 잠들어있던 오래 묵은 상처를 곰곰이 들여다보게 된다. 사람은 겉만 봐서는 모른다.

김성호는 선자령을 19년 만에 처음 왔다고 했다. 그는 예민하고 사려 깊다. 살면서 무수히 깨어지고 넘어져본 자는 쉽게 마음을 내어놓지 않는다. 김성호가 바우길에서 마음을 열었다.

"이렇게 함께 걸으며 말과 음식을 나누니, 고향에서 잔치할 때 동네사람들이 모여서 춤추고 노래하던 모습이 떠오릅니다."

곽종일은 겨울 산이 처음이라고 했다. 그는 "찬바람과 따뜻한 바람이 교차하면서 볼이 얼었다 녹았다 하니 묘한 느낌이 듭니다. 사우나에서 냉온탕을 오가는 기분입니다"라고 했다.

바람 안에 봄기운이 들어있다. 바람 따라 여자들이 몰려온다. 산은 온통 여자 차지다. 이젠 어디가나 여자가 대세다. 길 따라 바람 따라 마음도 흘러간다. 동해전망대를 지나자 하산길이다. 늘 그렇듯 하산 길은 시원섭섭하다.

국립공원관리공단 이사장 권경업은 자작시 '등산'에서, "오르는 것이 아니네 / 내려오는 것이네 / 굽이굽이 두고 온 사연만큼 해거름 길어지는 산 그림자 / 막소주 몇 잔 / 거기 물김치 같은 인생 / 물김치 몇 쪽 우적우적 씹는 것이네 / 지나 보면 세상사 다 그립듯 / 돌아보는 능선 길 그게 즐거움이거든"이라고 했다.

국사성황당(國師城隍堂)이다. 성황당 안에 범일국사 위패가 모셔져 있다. 대관령 산신은 김유신 장군이요, 성황신은 범일국사(梵日國師)다. 매년 음력 5월 단오제 때 이곳에서 제를 지내고, 성황신을 모시고 단오제가 열리는 남대천으로 모시고 갔다가 행사가 끝나면 다시 이곳으로 모시고 온다.

대관령 국사성황신 범일국사

범일국사는 신라 말 고려 초 구산선문(九山禪門) 중 하나인 도굴산문(闍崛山門)을 개창한 승려다. 통일신라는 골품제를 기반으로 한 교종(敎宗) 중심 불교국가였다. 구산선문이 중심이 된 선종(禪宗)은 지방호족을 기반으로 한 생활밀착형 불교였다. 선종의 핵심은 불립문자(不立文字), 교외별전(敎外別傳), 직지인심(直指人心), 견성성불(見性成佛)이다. 사람마다 말이나 글로 표현할 수 없는 번쩍하고 떠오르는 순간이 있다. 그게 바로 선종에서 말하는 '깨달음'이다. 사실 선종이니 교종이니, 깨달음이니 뭐니 하는 얘기는 스님들 얘기고, 민초들은 현실의 고통과 아픔을 달래주고 희로애락(喜怒愛樂) 가운데 함께하는 부처가 더 가슴에 와 닿는다.

다시 대관령이다. 대관령 남쪽은 백두대간 능경봉(稜鏡峰)이다. 능경봉 입구에 1975년 10월 준공된 영동고속도로 기념비가 서 있다. 기념비 뒤로 고속도로 건설에 몸 바친 자의 이름이 새겨져 있다. '제2공사 사무소장 임선규, 과장 백선권, 과장 이무락, 감독원 김동주, 김종진, 양봉진.' 오랜 세월이 지났으니 그들은 이미 고인이 되었거나 백발노인이 되었을 것이다. 나는 어딜 가나 기념비 내용을 꼼꼼하게 들여다본다. "영동고속도로를 누가 만들었나?" 고 물어보면 십중팔구 "박정희 대통령이 만들었다"고 할 것이다. 이 말은 세종 임금이 한글을 만들었고 이순신 장군이 왜적을 물리쳤다는 말과 같다. 그러나 무슨 일을 임금이나 장군 혼자 했겠는가? 빛나는 업적의 이면에는 피땀으로 이 땅을 가꾸고 지키다가 이름 없이 사라져간 민초들의 희생과 헌신이 담겨져 있다.

모두들 맑고 환했다. 얼굴에서 반짝반짝 빛이 난다. 지친 심신을 웃음과 피톤치드로 치유하고 돌아왔다. 김광진은 오늘 걸음이 2만 4천보라고 했다. 4시간 반, 2만 4천보보다 소중한 건 소통과 교감이었다. 뜨끈뜨끈한 소머리 국밥을 먹으며 파안대소(破顔大笑)했다. '돈, 빽, 줄'보다 '소소하지만 확실한 행복', 바로 '소확행(小確幸)'이 바우길에 있었다.

후 기

시작이 반이다. 마음먹고 준비하기가 어렵지 첫 발을 떼고 나면 어떻게 하든지 걸을 수 있다. 전례 없던 일이라 다들 주저했다고 한다. 리더가 아무리 편안하게 소통하자고 해도 수직적인 유교문화가 생활 곳곳에 배어있는 한국 사회에서 직장상사와 함께 걷는다는 것은 여전히 부담스러운 일이다. 첫 술에 배부르겠는가. 한 구간 두 구간 함께 걷다 보면 차츰차츰 가까워지지 않겠는가.

Baugil Course

14.7km

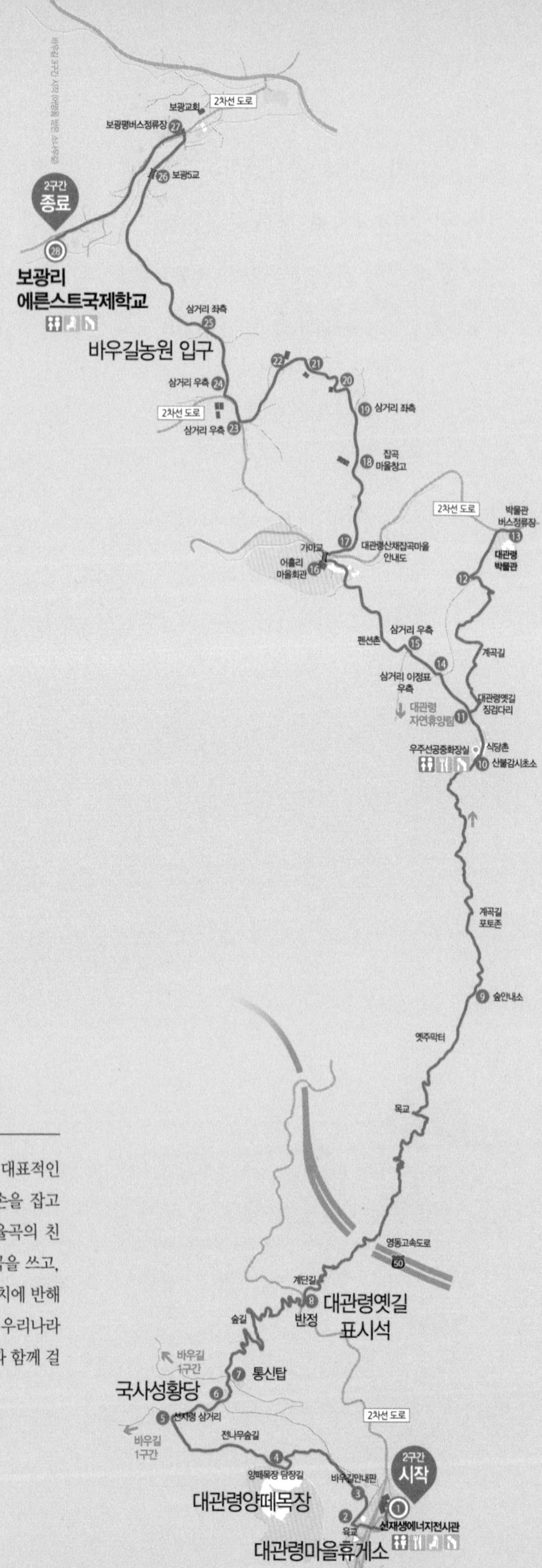

2구간_ 대관령 옛길

대관령 옛길은 우리나라 옛길의 가장 대표적인 길입니다. 신사임당이 어린 율곡의 손을 잡고 친정어머니를 그리며 걸은 길이고, 율곡의 친구 송강 정철도 이 길을 걸어 관동별곡을 쓰고, 김홍도가 이 길 중턱에서 대관령의 경치에 반해 화구를 펼쳐놓고 그림을 그렸습니다. 우리나라 최대의 자연휴양림이 있는 길로 가족과 함께 걸으면 아주 좋습니다.

유대관령망친정(踰大關嶺望親庭)

길에는 주인이 없다. 길 가는 자가 주인이다. 길에는 이름이 없었다. 사람들이 고갯마루를 오가면서 붙인 이름이 길 이름이 되었다. 고갯길에는 조상들의 해학(諧謔)과 발자취가 담겨 있다. 도둑이 많았다고 도둑재, 절반쯤 된다고 반쟁이, 대굴대굴 굴렀다고 대굴령. 얼마나 정겹고 진솔한 이름인가? 한글학자 최현배 선생은 “한글이 목숨”이라고 했다.

길 전성시대다. 어쩌다가 길이 상품이 되었을까? 건강 때문이다. 건강하게 살려면 적게 먹고 많이 배설해야 하는데, 많이 먹고 적게 움직이니 병이 날 수밖에 없다. 병이 나면 좋다는 약이 수두룩하지만, 제철 음식을 먹고 숲길을 부지런히 걸으면 웬만한 병은 거의 낫는다. 영화배우 하정우는《걷는 사람 하정우》에서 "티베트어로 '인간'은 '걷는 존재' 혹은 '걸으면서 방황하는 존재'라는 뜻이다. 하루 만 보씩 걸으며 식사량을 아주 조금만 조절해도 한 달만 지나면 살이 꽤 빠진다. …… 햄버거, 탄산음료, 설탕과 소금이 과하게 들어간 음식, 장담하는데 딱 이 메뉴만 식단에서 걷어내고 꾸준히 걷기만 해도 살이 빠진다"고 했다. 한 발 나아가 요즘은 배고파서 죽는 게 아니라 외로워서 죽는다. 고독사(孤獨死)가 증가하고 있다. 사람은 많은데 내 말을 들어줄 사람이 없다. 미세먼지도 극성이다. 물만 아니라 공기도 팔아먹는 세상이다. 솔숲에서 맑은 공기를 마시며 좋아하는 사람과 함께 걸으면 몸도 가벼워지고 마음도 상쾌해진다. 바우길은 숲이면 숲, 바다면 바다, 산이면 산, 음식이면 음식, 이 모든 조건을 갖춘 명품 길이다. 또한 인물과 역사, 문학과 예술이 살아 숨 쉬는 인문학 교실이다.

하루 전, 바우길 사무국에서 안내지도와 수첩을 가져 왔다. 현수막도 새로 만들었다. 녹색 바탕에 흰 글씨다. '우체국 사람들 바우길 가다.' 2구간은 대관령휴게소~양떼목장~국사성황당~kt 통신탑~반정~대관령 옛길~어흘리~보광리에 이르는 14.7km 산길이다. 계곡 얼음장 밑으로 물소리가 들려온다. 봄이 오는 소리다. 계절은 소리로 오고, 냄새로 오고, 빛깔로 온다. 국사성황당길로 들어서자, 징! 징! 징! 징소리가 들려온다. 물소리와 징소리에 뒤섞여 말소리와 웃음소리가 허공으로 퍼져 나간다. 생명 있는 것들은 모두 소리를 가지고 태어났다. 태초에 말씀 이전에 소리가 있지 않았을까?

반정 내리막이다. 혹한을 견뎌낸 나목(裸木) 사이로 잔설이 발목까지 빠진다. 윤상규가 눈 위에 드러누웠다. 무념무상(無念無想)이다. 천상병 시인의 '귀천'이 생각난다.

"나 하늘로 돌아가리라 / 새벽빛 와 닿으면 스러지는 이슬 더불어 / 손에 손을 잡고 나 하늘로 돌아가리라 / 아름다운 이 세상 소풍 끝내는 날 / 가서 아름다웠더라고 말하리라."

윤상규는 누워서 무슨 생각을 했을까? 삶은 소풍이요, 인간은 자연의 일부다. 인간은 자연에서 태어나 자연으로 돌아간다.

눈 속에서 나무지팡이를 주었다. 머지않아 삭발하고 해파랑길과 국토종주길 도전에 나서려 한다. 제주 올레길과 지리산 둘레길도 목록에 들어 있다. 아내는 "당신도 이제는 나이 생각 좀 하라"고 하지만 준비하고 연습하면 할 수 있는 일이다. 빨리 걸으려고 욕심을 부리니 그렇지 천천히 걸으면 된다. 세상사 아무 걱정 없이 되는 일이 어디 있겠는가? 나이 먹어서 늙는 게 아니라 도전하지 않아서 늙는 것이다. '꼰대' 소리 안 들으려면 말 수를 줄이고, 어금니를 꽉 다물고 들어야 한다. 경청, 이거 내가 해보니 보통 힘든 게 아니다.

최제무가 다가왔다. 그는 꼭 필요한 근육만 있는 마라톤 고수다. 42.195km 풀코스를 18번 완주했다. 김황묵이 앞서간다. 그는 오전 5시 반, 집을 나와 1시간 수영을 하고 출근한다. 퇴근 후 자율방범대 활동도 한다.

푹푹 빠지는 낙엽과 쌓인 눈을 밟으며 뽀드득뽀드득 돌고 돌아 신나게 내려간다. 두 명씩 짝을 지어 정답게 내려간다. 숲 속에서 가슴을 열고 못 다한 이야기를 나눌 수 있으니 얼마나 좋은가?

바우길은 평등한 공간이다. 길은 누구에게나 평등하다. 인도에서는 홀리 축제 기간 동안 카스트제도의 모든 신분이 사라진다고 한다. 강릉에도 '관노가면극'이 있다. 관노가면극(官奴假面劇)은 강릉부에 소속되어 있던 관노들이 단오제 때 말없이 춤과 동작으로 보여주는 무언극(無言劇)이다. 양반광대와 소매 각시의 사랑과 화해, 시시딱딱이의 벽사(闢邪)의식, 장자마리의 풍요추구가 줄거리다. 1600년대 중반에 시작되어 1900년 초까지 운영되다가 중단되었고, 1965년 10월 제6회 전국민속예술경연대회에 출연하여 장려상을 받으면서 되살아났다. 1967년 1월 16일 국가무형문화제 제13호로 지정되었다.

반정(半程)이다. 조선시대 말을 갈아타던 횡계역(驛)과 구산역(驛)의 중간쯤 되는 곳이다. '반쟁이'라고 불렀는데 반정은 '반쟁이'가 변음된 것이다. 강릉 시내가 한눈에 들어온다. 신사임당이 아들 이율곡 손을 잡고 반정에서 오죽헌을 바라보며 지은 시가 '유대관령망친정(踰大關嶺望親庭)'이다.

늙으신 어머니를 고향에 두고	慈親鶴髮在臨瀛
외로이 한양으로 향하는 마음	身向長安獨居情
돌아보니 북촌은 아득도 한데	回首北平時一望
흰 구름만 저문 산을 날아 내리네.	白雲飛下暮山淸

반정 주막이다. 아흔아홉 구비를 다리쉼을 하며 넘었을 보부상과 선질꾼, 선비들의 모습을 상상해본다. 송강 정철, 단원 김홍도, 매월당 김시습, 허균과 허난설헌도 넘었던 길이다. 주변이 떠들썩하다. 술 취한 사내들이 소리 지르며 사진 촬영에 분주하다.

이순원은 2015년 7월 9일 〈이투데이〉 '세상풍경'에서 "사람들은 여행을 떠나면 나무는 보지 않고 숲만 보고 온다. 단지 그곳에 갔었다는 것과 머물다 왔다는 것에만 의미를 둔다. 도시와 산과 들에 널려있는 유적들과 자연의 표정은 제대로 살피지 않고 돌아온다. 그리고 마치 거기에 갔었다는 것을 증명하기 위해 사진만 열심히 찍고 돌아온다. 어떤 것도 아는 만큼 보인다. 여행 중에 만나는 세상 풍경과 유적답사 역시 그렇다. 나무를 모르면 숲을 보지 못하고, 역사를 모르면 유적을 볼 수 없고, 인문지리를 모르면 세상풍경을 읽을 수 없다. 여행은 세상의 숲을 보러 떠나는 것 같지만 실제로는 그 숲을 이루는 나무를 보러 떠나는 길이다"라고 했다. 길 위에 서는 자는 한 번쯤 곱씹어 보아야 할 말이다.

긴 내리막이다. 산은 내려가다가 다친다. 방심하기 때문이다. 심원용과 짝이 되었다. 그는 거북이 마라톤 총무다. 마라톤을 시작한 이유를 물었다.

"하루 종일 오토바이를 타고 다니다 보면 허리가 아픕니다. 약을 써도 안 낫고, 병원에 가도 그때뿐이었어요. 그런데 뛰고 나면 아픈 게 눈 녹듯이 사라졌습니다. 나는 아프지 않기 위해 뜁니다. 배달 마치고 경포 호수 길을 수시로 뛰고 있습니다."

심원용에게 마라톤은 특효약이자 주치의다. 별명은 '타일맨', '땜빵맨', '코만보'다. 우체국 입사 전 타일공으로 일했다. 집배팀에서 팀원이 빠지면 대무를 도맡아 한다고 '땜빵맨'이요, 코가 커서 얼굴에서 코만 보인다고 '코만보'다. 각설이 타령을 잘한다고 '품바맨'이다. 별명이 많다는 건 그만큼 인기가 많다는 것이다. 당신의 별명은 무엇인가? 사연 없는 사람 없다. 함께 길을 걸으니 담아둔 사연을 술술 털어놓는다. 나는 다만 들어줄 뿐이다. 사람과 사람 사이 소통은 이런 게 아닐까?

나무 식탁이 나타난다. 김성호가 김밥 4개를, 심복희가 미역국과 흑미 김밥을 꺼냈다. 나는 사과와 곶감을, 곽종일은 국산 차를 꺼냈다. 먹을 게 푸짐하다. 자기 먹을 것만 가져오라고 그렇게 일러도 바리바리 싸들고 온다. 한국인의 정서다. 김성호는 "나눠주는 재미도 쏠쏠합니다"라고 했다. 좋아서 하는 걸 누가 말리겠는가. 대관령 그림판이 서 있다. 단원의 '금강산도(金剛山圖)' 별책 부록 '해산첩'에 나오는 대관령도다.

오주석은 《단원 김홍도》에서 이렇게 말했다.

대관령도

정조문집에서 정조는 "화원 김홍도를 잘 알고 있으며 30여 년간 나라의 중요한 그림을 도맡아 그리게 하였다"고 회고했다. 세 차례나 임금의 초상화를 그렸고, 창덕궁 벽화인 해상군선도(海上群仙圖), 아버지 사도세자를 모신 용주사 대웅보전 불화를 그렸다. 정조는 자신이 가볼 수 없었던 금강산이며 단양팔경 등을 그려오도록 명하였다. 단원은 정조의 명을 받아 비단화폭을 가지고 금강산에 들어가서 연 50일을 머물면서 일만 이천 봉과 구룡연 등을 그려, 수십 장(丈) 길이의 두루마리로 만들어 정조에게 바쳤다. 정조는 단원에게 명하여 금강산도와는 별개로 화첩인 해산첩(海山牒) 다섯 권을 만들어 궁중에 소장하게 하였다. 김홍도는 화원으로서 출세라 할 수 있는 경상도 안동지방의 찰방(察訪, 역장 겸 우체국장)과 충청도 연풍고을 현감까지 지냈다.

계곡 얼음장 밑으로 봄이 오고 있다. 일행이 모여 있다. "야! 산천어다. 어디, 어디? 저기 있잖아. 와아아!" 산천어가 눈 녹은 물 사이로 무리지어 나아간다. 이럴 땐 모두가 동심(童心)이다. 어린아이 표정이다. 눈망울 속에 족대 들고 물고기 잡던 고향마을 개여울이 들어있다.

홍동호 얼굴에 흰 구름 두둥실 떠가는 가을하늘이 들어있다. 그는 전국 명산을 섭렵한 산악인이다. 빵을 좋아한다. 지난 가을 진고개에서 소금강까지 함께 걸었다. 그때도 빵을 가져왔다. 봄을 만져보고 싶었다.

눈 녹은 물이 콸콸콸 쏟아지는 계곡으로 내려갔다. 물을 떠서 얼굴에 끼얹었다. 찬 기운이 폐부 깊숙이 파고든다. 정신이 화들짝 깨어난다. 메마른 몸 안으로 봄기운이 성큼 들어온다.

우상기와 조기완도 계곡으로 내려왔다. 우상기는 맡은 일을 빈틈없이 해내는 모범생 스타일이다. 힘들어도 내색하지 않는다. 조기완은 누구든지 도움을 청하면 무조건 달려간다. 자신을 내어줌으로써 모두를 품는 상선약수(上

善若水)다. 삼삼오오 짝을 지어 얘기꽃을 피우며 걸어간다. 저리도 하고 싶은 말이 많았는데 어떻게 참고 살았을까? 박부규는 진안 사람이다. 법 없이도 살 사람이다. 모범 집배원으로 선발되어 30년 만에 처음으로 부인과 함께 제주도를 다녀왔다. 시간만 나면 부인과 함께 안목 해송 숲길을 걷는다고 했다.

도둑재와 솔고개 갈림길이다. 도둑이 모여 고갯마루에서 훔친 물건을 나눠 가졌다고 도둑재다. 고 노무현 대통령이 탄핵을 받고 2007년 4월 8일 도둑재에 올라 담배 한 대 피우며 시름을 달래던 쉼터가 있다. 사람은 가도 흔적은 남아 가슴을 울린다. 가까운 대관령 자연휴양림이 있다. 금강소나무 숲은 1920년 씨를 뿌려 조성했다. 산림청이 뽑은 3대 아름다운 숲 중 하나다.

주막터다. 주막(酒幕)은 있으나 주모(酒母)가 없다. 한양으로 과거보러가던 선비와 전국을 떠돌던 보부상이 다리쉼을 하고, 영서 장을 찾아가던 선질꾼이 목을 축이던 곳이다. 선질꾼은 등짐장수다. 영동과 영서지역 물산 교류를 담당했다. 일제강점기에 들어서면서 보부상 역할을 대신했던 행상단이다. 해방과 한국전쟁을 거치면서 도로망이 정비되고 차량이 늘기 시작하자 자취를 감췄다. 백두대간과 바우길을 넘나들던 선질꾼의 발자취를 찾아보고 싶다.

어흘리(於屹里) 가는 길, 시냇가 버드나무에서 움이 터져 나온다. 버들강아지가 보들보들하다. 버들피리 꺾어 불던 어린 시절이 떠오른다. 촉감은 오래된 기억을 불러온다.

신동균이 다가왔다. 그는 태어나자마자 포대기에 싸여 보례(褓禮)영세(필립보)를 받은 '천주학쟁이'다. "나는 뭐든지 진득하게 하지 못하고 중간에 그만두는 습관이 있다. 아들도 나를 닮아 적극적이지 못하다"고 했다. 심원용은 "바우길이라도 끝까지 걸어보라"고 했고, 최제무는 "사람은 태어날 때 자기 먹을 건 가지고 태어난다. 걱정하지 마라"고 했다. 신동균은 아들과 함께 백두대간을 종주한 내가 부럽다고 했다. 무엇이든지 일단 시작하면 방법이 생기고, 도와주는 사람도 생긴다. 중도에 그만두는 건 간절한 마음이 없기 때문이다. 실행은 각자의 몫이다.

펜션에 백구가 묶여있다. 낑낑대며 만져달라고 꼬리를 살랑살랑 흔든다. 입과 코가 헐었다. 얼마나 몸부림을 쳤던지 땅 곳곳이 깊이 파였다. 머리를 만져주자 꼬리를 세차게 흔들며 좋아한다. 김성호는 "어이구! 불쌍한 것, 얼마나 아팠을까, 쯧쯧쯧" 한다. 김성호의 동물 사랑은 각별하다. 배달 중 로드킬 당한 동물을 묻어주기도 하고, 사료를 가지고 다니며 먹이를 주기도 한다.

사람이나 짐승이나 먹이에 묶여 사는 건 마찬가지다. 짐승은 배부르면 남겨두어 다른 짐승이 먹게 하지만, 사람은 먹고 남은 것을 바리바리 쌓아둔다. 쌓아둔 걸 지키려고 담장을 치고 지키는 사람까지 고용한다. 누가 인간을 만물의 영장이라고 했던가?

어흘리(於屹里)삼거리다. 대관령박물관 가는 길이 갈린다. 《강원향토대관》에 마을 유래가 자세히 나와 있다.

"어흘리는 가마골, 문안, 반젱이, 굴면이, 제멩이를 합쳐 만든 마을이다. 대관령이 끝나는 지점에 있다. 가마골은 가마솥에 숟가락을 꽂아놓은 것 같고, 굴면(屈免)이는 대관령을 다 넘어와 데굴데굴 구르는 것을 면했다는 뜻이다. 제멩이는 조선시대 관원 숙소였던 제민원(濟民院)의 변음이다. 어흘리에는 2003년 문을 연 대관령박물관이 있다."

대관령 옛길을 내려가며

앞서간 자들이 보이지 않는다. 우리는 왜 이렇게 조급한지 모르겠다. 뭐든지 빨리 빨리다. 밥도 빨리 먹고, 걸음도 빨리 걷고, 일도 빨리한다. 기다릴 줄 모르고 기다려주지도 않는다. 놀 줄도 모르고 쉴 줄도 모른다. 놀거나 쉬면 큰일 나는 줄 안다. 노는 법도 배워야 하고 쉬는 법도 배워야 한다.

신동균은 신이 났다. 어흘리와 보광리는 우편물 배달지역이다. 그는 지명의 유래와 집집 사정을 손금 보듯 꿰고 있다. 그는 "아무리 먼 길도 사랑하는 사람과 함께 걸으면 짧게 느껴지고, 아무리 짧은 길도 불편한 사람과 함께 걸으면 멀게 느껴집니다"라고 했다. 입담이 보통 아니다. 그는 "이륜차를 타고 어흘리로 들어오면 보물지역으로 들어오는 것 같습니다. 시골이라 우편물이 많지는 않지만 요즘은 외지에서 집 짓고 들어오는 분이 많아 골골이 다니기가 만만치 않습니다"라고 했다.

고즈넉한 소나무 숲길이 나타난다. 봄바람이 솔솔 불어온다. 자리 깔고 드러누워 한잠 자고 갔으면 좋겠다. 신동균이 어흘리를 '보물지역'이라고 한 이유를 알겠다.

강릉이 고향인 박석균과 최제무도 이 길은 처음이라고 했다. 이렇게 고즈넉한 길이 있는 줄 몰랐다고 했다. 우체국 선배 최종열 부친 집이다. 신동균은 "이 집에만 오면 무릎까지 빠지는 눈길을 헤치며 우편물 배달하느라 힘들었던 때가 생각난다"고 했다. 그는 대청봉을 다섯 번이나 올랐고 마라톤 모임 창단 멤버라고 으쓱했다. 내가 "전혀 마라톤스럽지 않게 생겼다"고 했더니 허허대며 웃는다. 어흘리 솔숲 고개 너머 심원용과 심복희가 다정하게 걸어간다. 김태국이 우스갯소리로 "심씨 끼리는 뭔가 통하는 게 있는가 봐"라고 했다. 심복희는 청송심씨요, 심원용은 삼척심씨다. 심원용은 "청송이 큰

집이고, 삼척은 작은 집이다. 항렬은 심복희가 훨씬 높다"고 했다.

한국사람 치고 족보와 항렬로부터 자유로운 사람은 없다. 일상에서 '족보도 없는 놈'이라는 욕은 당신의 조상이 곧 평민이나 천민이라는 뜻이다. 생활 곳곳에 유교문화의 폐해가 스며있다.

전 국사편찬위원회 편사부장 박홍갑은 《우리 성씨와 족보 이야기》에서 "17세기 말까지 성씨와 본관을 가진 인구비율은 50% 내외였지만 100년이 지나서는 90%를 넘었다. 영조 때는 한양 한복판에서 인쇄시설을 갖춰놓고 족보 장사를 하다가 적발되는 일도 있었다. 현존하는 계보기록은 조상 감추기와 전통 만들기가 동시에 진행된 결과물이다"고 했다. 이러니 지금의 족보가 진짜 제대로 된 족보인지는 장담할 수 없는 일이다. 이어서 그는 "단군이 지배했던 고조선과 신라와 가야에도 수많은 백성이 살았지만 지금까지 전해진 계보를 들여다보면 이름 없는 민초로 살아갔던 이들의 후손을 자처하는 이는 하나도 없다. 우리는 모두 단군의 후예요 박혁거세와 김수로 자손으로 살아가고 있는 것이다"고 했다. 이제는 어디 가서 족보 자랑하지 말자.

보광리(普光里)다. 《강원 향토 대관》에 마을 유래가 나온다.

"보광리는 신라 때 낭원대사가 세운 보현사(普賢寺)의 보(普)자와 마을이 빛을 내는 곳이라고 빛 광(光)자를 써서 보광리다. 성산면 보현촌, 문광동, 보갱이로 불리다가 1916년 무일동, 삼광동, 무시골을 모아서 보광리로 정했다. 1955년 9월 1일 명주군에 속했다가, 1995년 1월 1일 강릉시에 통합되었다. 보광 2리 마을 뒤에는 명주군왕릉(강원도 기념물 제12호)이 있고, 입구에는 삼왕사와 생육신 김시습의 영정을 모신 청간사가 있다."

보광리 자동차마을이다. 이정표가 헷갈려 엉뚱한 데로 갔다가 되돌아 왔다. 바우길을 걷고 나서 다들 건강해졌다고 했다. 걷기만큼 좋은 운동이 어디 있겠는가. 봄에는 꽃길, 여름에는 숲길, 가을에는 단풍길, 겨울에는 눈길을 걸으면서 이 얘기 저 얘기하다 보면 정도 들고 속내도 털어놓게 된다. 굳이 많은 시간과 비용을 들여 해외로만 다니지 말고, 내가 살고 있는 가까운 곳을 찬찬히 둘러보는 건 어떻겠는가?

이화여대 교수 이영민은 《지리학자의 인문여행》에서 "여행의 핵심은 얼마나 먼 거리를 이동하느냐가 아니라 얼마나 일상으로부터 벗어나느냐에 있다"고 했다. 보물은 가까운 곳에 묻혀 있다. 뭐니 뭐니 해도 내 집, 내 가족, 내 고향이 최고다.

그렇게도 할 말이 많았을까?
길이 시작되자마자 말이 폭포처럼 쏟아졌다. 배달하느라 말할 틈이 없었다는 자에게 길은 축복이었다. 몸으로 먹고사는 자에겐 말할 틈이 없었고, 말을 들어줄 자도 없었다. 고객의 말은 날카롭게 보채며 재촉하기 일쑤였고, 권한 있는 자들은 말과 글을 쏟아내며 끊임없이 가르치려 들었다.
말들이 횡행했지만 쓸모 있는 말은 적었다. 말들은 곧 잊혔고 사라져갔다. 길 위에서 그들은 비로소 묵혀 두었던 말을 쏟아내기 시작했다. 그들의 말은 진솔했고, 눈물과 상처로 가득했다. 나는 다만 들음으로써 겨우 한 발 다가갈 수 있었다.

Baugil Course

11.7km

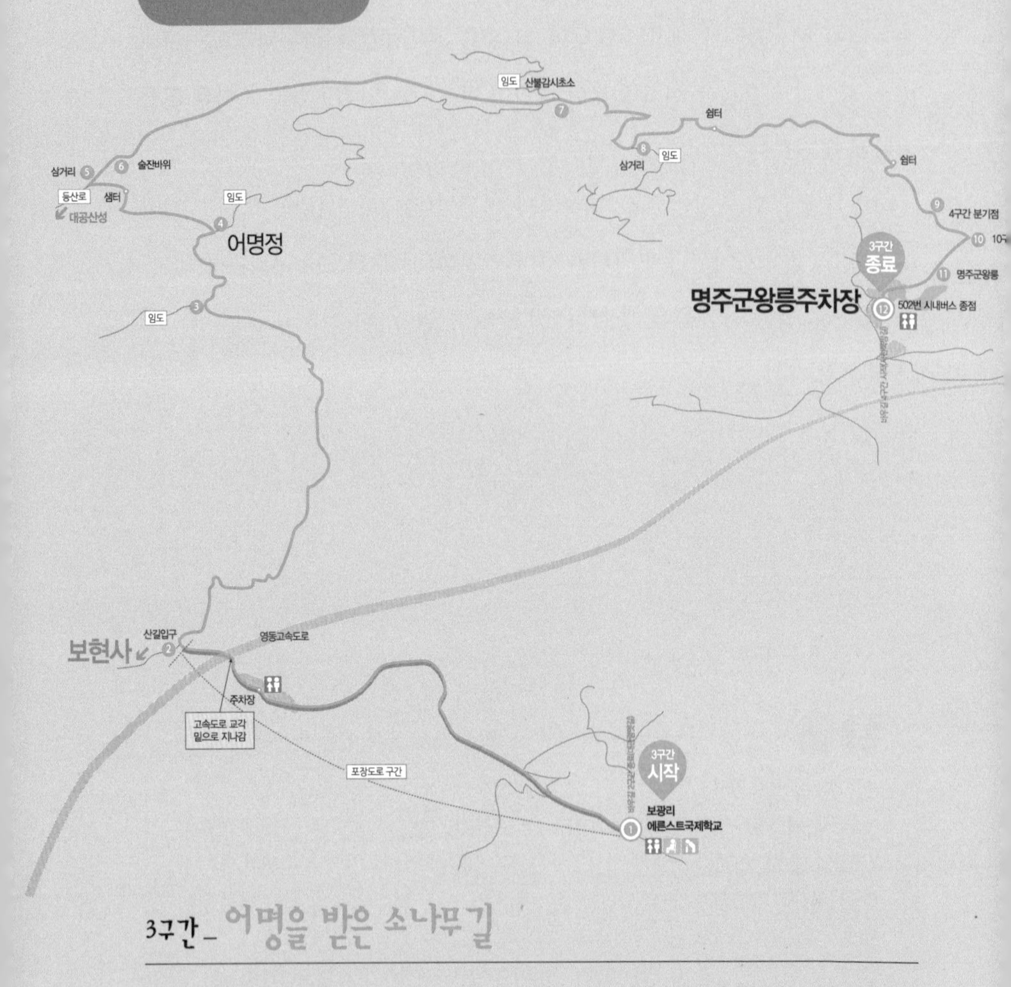

3구간_ 어명을 받은 소나무길

우리나라의 오래된 사찰과 궁궐의 기둥은 모두 금강소나무를 사용하였습니다. 보광리에서부터 나뭇길이라 불리는 임도와 숲길을 따라 명주군왕릉까지 가는 소나무숲길입니다. 길 중간에 광화문을 복원할 때 기둥으로 쓰려고 옛날 방식으로 아름드리 나무에게 어명을 내려 베어낸 자리에 어명정을 세웠습니다. 소나무숲길은 아무리 걸어도 힘이 들지 않습니다. 나무의 정령들이 기운을 줍니다. 아름다운 가을 풍경과 금강소나무를 만나러 갑니다.

어명이요!

무슨 일을 하든지 택일(擇一)이 중요하다. 택일은 음양오행과 육갑(六甲), 신살법(神煞法)으로 좋은 날은 기리고 나쁜 날은 피하는 피흉추길(避凶推吉)의 한 방법이다. 어제만 해도 미세먼지 이야기로 떠들썩했는데, 오늘은 선자령 풍차가 손에 잡힐 듯 가깝다. 마음을 곱게 써야 하늘도 돕는다는데, 착한

선자령 능선과 파란 하늘이 맞닿아 있다.

사람들과 함께 하니 하늘이 도운 것이다.

국립민속박물관에서 펴낸 《한국일생의례사전》에 따르면 "삼국사기 열전(列傳)편 신라 진평왕(579-632) 때 설씨녀(薛氏女)가 혼인을 앞두고 날을 골랐다(擇日)"는 최초의 기록이 나온다.

출발에 앞서 새로 온 세 사람을 소개하고 인사말을 들었다. 그들은 여러 사람 앞에서 말하는 게 쑥스럽다고 했다. 우리는 읽고 듣기만 배웠지, 말하고 글 쓰는 법은 배우지 못했다. 창조와 혁신은 토론과 글쓰기에서 나온다. 바우길을 걸으면 닫혀 있던 마음의 문이 열리고 말이 술술 나온다. 출발에 앞서 다시 한 번 원칙을 강조했다. 첫째, 처음부터 끝 구간까지 차례차례 걷는다. 둘째, 누구든지 언제든지 들어오고 나가는 건 자유다. 셋째, 비용은 공동부담이다. 누구는 밥 한 끼 사겠다고 했지만 거절했다. 원칙이 무너지면 변칙과 요령이 판을 친다. 노무현 대통령 때 연설비서관을 지냈던 강원국은 2018년 12월호 〈인물과 사상〉과의 인터뷰에서 이렇게 말했다.

"양심을 지키고 부끄럽지 않게 사는 사람들이 출세하는 사회가 아니잖아요. 공감능력이 있는 사람은 사람 좋다는 소리밖에 못 듣습니다. 출세하고 성공하지 못합니다. 비판의식이 있는 사람, 문제의식이 있는 사람은 모난 돌이 됩니다. 그런 사람들이 까여나가는 이런 사회에서 좋은 글을 쓴다는 것이 쉽지 않죠."

3구간은 보현사~어명정~명주군왕릉을 잇는 '어명(御命)을 받은 소나무길'이다. 어명이라니? 도대체 지금이 어느 때인데 '호랑이 담배 피우던 시절' 얘기를 꺼내는 건가? 바우길은 곳곳마다 사연이 깃들어있다. 왕릉도 그렇다. 왕릉하면 서울 근교나 경주, 여주 등을 떠올리지만 강릉에도 왕릉이 있다. 보광리 명주군왕릉이다.

"야! 봄 소풍이다." 맑고 달달한 바람이 몸에 착착 감긴다. 백두대간 마루금이 한 줄로 선명하다. 물오른 버드나무가 연초록으로 생생하다. 생강나무에 노란 꽃망울이 명징하다. "왜 생강나무라고 했을까?" "생각하는 나무가 아닐까?" "광호가 순발력 하나는 끝내 줘." 홍광호와 김성호가 우스갯소리를 주고받았다. 생강냄새가 난다고 생강나무다. 나무 이름은 층층나무와 접골목(接骨木)처럼 주로 모양새나 쓰임새를 기준으로 하는데, 냄새를 기준으로 한 것은 드문 일이다.

보현사 계곡이다. 물소리 따라 잡념이 씻겨 내려간다. 물소리는 잠들어 있던 감성을 일깨운다. 물소리만 들어도 마음이 편안해진다.

보현사(普賢寺)다. 부처의 양대 보살은 좌 문수, 우 보현이다. 문수는 지혜의 상징이요, 보현은 자비의 상징이다. 《강원향토대관》에 보현사 유래가 나온다.

신라 진덕여왕 4년 자장율사가 창건하였다. 경내에는 보물 제191호로 지정된 낭원대사 오진탑과 보물 제192호 오진탑비가 있다. 옛날 강릉 동남쪽 남항진 해안에 도착한 문수보살과 보현보살이 문수사를 세웠는데, 보현보살이 "한 절에 두 보살이 있을 수 없으니, 화살을 쏘아 떨어지는 곳을 절터로 삼아 떠나겠다"고 하며 활시위를 당겼는데, 그 화살이 떨어진 곳이 지금의 보현사 터가 되었다.

낭원대사가 누군가? 굴산사를 개창했던 범일국사의 으뜸 제자 아닌가. 강릉은 명주군왕과 범일국사의 지역구(?)였다. 태조는 고려를 건국할 때 구산선문이 중심이 된 선종 승려들과 지방호족들의 지지를 받았다. 낭원(朗圓)이 입적한 후 시호를 내려 주고 기념탑과 비문까지 세워준 것은 보은과 지역구 관리 차원이 아니었을까? 당시 강릉 굴산사와 신복사, 보현사는 사굴산문의 핵심이었고, 집권여당의 지역구 국회의원 사무실이었다. 고려 개국세력과 선종은 동전의 양면처럼 불가분의 관계였다. 안내판에 낭원대사 김개청 이야기가 나온다.

낭원대사 탑비에는 대사의 출생부터 입적까지의 행적이 나와 있다. 속명은 김개청(金開淸)이다. 신라 흥덕왕 9년(834)에 태어나 13살 때 화엄사에서 승려가 되었고, 통효대사 범일의 제자가 되었다. 96세 되던 고려 태조 13년(930) 입적하였다. 사후 태조는 시호를 낭원(朗圓)이라 하였고, 탑명은 오진(悟眞)이라 하였다. 탑비는 입적 후 10년 뒤인 고려태조 23년(940)에 세워졌으며, 비문은 문장가 최언위(崔彦僞)가 지었고, 글씨는 서예가 구족달(仇足達)이 썼다.

땀을 식히고 금강소나무 숲길로 들어섰다. 긴 오르막이다. 앞서가던 심복희가 털썩 주저앉았다. 윤상규가 다가오자 금방 회복된다. 신랑이 명의(名醫)다. 최신옥은 다도(茶道) 경력 10년이다. 보이차를 가져 왔다. 보이차는 중국 운남성에서 나는 발효차다. 하루에 한 잔만 먹어도 몸이 가벼워진다고 한다. 산허리에서 가쁜 숨을 돌렸다. 곽종일이 고로쇠 물을 꺼냈다. 보이차와 고로쇠 물을 마시니 날아갈 듯 가볍다. 이경희는 단감과 콜라비를 꺼냈다. 콜라비(Kohirabi)는 뼈와 치아를 튼튼하게 한다고 한다. 여자들은 몸에 좋다는 음식은 다 가져왔다.

이야기꽃이 피어난다. 숲에만 들면 기분이 좋아지고 말이 쏟아진다. 왜 그럴까? 홍천 선마을 촌장 이시형은 '피톤치드(Phytoncide)효과'라고 했다. 피톤 치드는 Phyton(식물)과 Cide(죽이다)의 합성어다. 해충과 병균으로부터 나무를 보호하기 위해 내뿜는 항균물질이다. 스트레스 해소와 심폐기능을 강화하고, 아토피를 유발하는 진드기 번식을 억제한다고 한다.

소나무에 숫자 300, 900이 적혀있다. 김황묵이 퀴즈를 냈다. "나무에 있는 숫자가 무슨 뜻인지 아는 사람?" 조기완이 네이버 지식인(in)으로 검색했다. "나무에 주사 놓는 순서라고 하네요." 2018년 12월 15일 현재 네이버 지식인(in) 답변 수는 3억 950만 8,919개가 쌓여있다. 지식인은 하수부터 절대 신까지 19개 등급이 있고 절대 신은 32명이다. 지식인 최고령자는 2004년부

소나무에 웬 숫자가?

터 활동해온 올해 83세 조광현 옹이다. '녹야'라는 아이디를 쓰며 답변 수는 3만 7,978개, 등급은 2등급인 수호신이다.

전 연세대 총장 김용학은 2020년 1월 29일 〈조선일보〉와의 인터뷰에서 "자기만의 지식에 머무는 인텔리전스(Intelligence)와 달리 배운 지식을 바깥과 연결하는 '익스텔리전스(Extellence)'가 중요한 시대"라고 했다. 모르면 물어봐야 한다. 불치하문(不恥下問)이다. 모르는 걸 창피하다고 물어보지 않아서 그렇지, 물어보면 가르쳐준다. 물어보고 가르쳐 주다 보면 데면데면했던 사이도 가까워진다. 지식인(in)도 내가 아는 걸 가르쳐주고 싶어 하는 마음 아니겠는가?

굴참나무에 귀를 갖다 댔다. 관을 타고 올라오는 수액 소리가 들리는 듯하다. 봄에는 영양분이 가지로 올라오고 가을엔 뿌리로 내려간다. 꽃은 산 위로 올라가고, 단풍은 산 밑으로 내려간다. 잡목 길 따라 행렬이 이어진다. 보폭은 다르지만 방향은 같다. 임도 따라 오리나무가 줄지어 서 있다. 김성호는 "산사태나 토사유출이 예상되는 곳에 오리나무와 아카시아 나무를 심었다"고 했다.

어명정(御命亭)이다.

2007년 11월 29일 광화문 복원에 사용될 금강소나무 벌채에 앞서 역사상 처음으로 교지를 받은 후, 산림청장과 문화재청장이 산신과 소나무의 영혼을 달래기 위해 위

어명정

령제를 지낸 곳이다. 금강소나무 3본을 베어가고 그루터기를 그대로 보존하여 후손들이 돌아볼 수 있도록 어명정을 세웠다.

사람은 죽어서 이름을 남기고, 호랑이는 죽어서 가죽을 남긴다(人死留名, 虎死留皮). 한 그루의 나무도 쓰임을 받으면 이름을 남긴다. 고사를 지낸 다음 나무를 베는데, 베기 전에 "어명이요!"를 세 번 외치고, 외칠 때마다 나무를 쳐다본다. 나무와의 기 싸움에서 이기기 위해서다. 기 싸움에서 지면 공사할 때 사고가 난다는 불문율이 있다고 한다. 무슨 과학적인 근거가 있는 건 아니지만 전통은 무시할 수 없다. 쭉쭉 뻗은 소나무는 한양으로 가고 배배 꼬인 소나무는 고향을 지킨다. 소나무만 그러랴. 속담 안에 조상들의 지혜가 담겨있다.

어명정에 동그랗게 둘러앉았다. 심복희가 배낭에서 삶은 옥수수를 꺼냈다. 친정인 홍천에서 가져온 "농약을 하나도 안 친 무공해 옥수수"라고 했다. 심복희는 매번 특별식을 가져온다. 지난번에는 흑미 김밥, 이번에는 홍천 옥수수다. 최신옥도 꽈배기를 가져왔다. 여자가 있어야 특별식을 얻어먹는다. 최규인과 윤상규가 옥수수를 들고 전망 좋은 곳에 자리 잡았다. 멀리 경포에서 연곡으로 이어지는 해안선을 바라보며 참이슬 한 병을 비웠다. 윤상규는 "최규인은 소주를 한잔해야 힘이 나는 사람"이라고 했다. "나중에 탕수육과 양장피를 드론 택배로 배달시켜 주겠다"고 했더니 허허대고 웃는다. 웃을 일이 아니다. 주문은 로봇이 받고 자장면은 드론이 배달하는 날이 머지않았다. 최규인은 고요하다. 묻기 전에는 스스로 말하지 않는다. 잘 걷는 비결을 물었더니 "화천 이기자 부대(27사단) 출신이다. 걷는 데는 자신이 있다"고 했다. 남자들은 군대 얘기가 따라 다닌다. 그는 "아들이 취직이 안 될까봐 걱정했는데 공군 부사관으로 들어가 씩씩하게 근무하고 있다"고 자랑스러워했다. 그는 "다음에는 막걸리를 한 병을 들고 오겠다"고 했다. 과묵한 최규인이 마음의 문을 열기 시작했다.

술잔바위다. 서쪽으로 선자령과 곤신봉으로 이어지는 백두대간 마루금이 한 줄로 선명하다. 바위 꼭대기에 깊게 파인 구멍이 나 있다. 무명 바위지만 이름을 붙이고 스토리를 만드니 상품이 된다. 언 땅이 녹아서 질척인다. 홍광호가 종이컵에 커피를 나눠준다. 박석균이 말했다. "다음부터는 자기 컵을 가지고 오세요. 안 가져오면 벌금 만 원입니다." 환경보호는 말보다 실천이다. 일회용 물티슈나 일회용 생수, 일회용 종이컵을 줄여야 한다.

지구 온난화가 심각하다. 지구 온난화로 생태계가 무너지고 있다. 유엔 '1.5도 특별보고서'는 지구에 닥칠 재앙을 예고한다.

〈조선일보〉 논설위원 한삼희는 2018년 10월 27일 '환경칼럼'에서 "유엔 산하 기후변화정부간협의체(IPPC)는 세계 40개국 91명의 전문가가 6,000여 편의 논문을 검토해 작성한 1.5도 특별보고서를 채택했다. 보고서는 '지구 평균 기온 상승치를 산업화 이전 대비 1.5도 아래로 묶지 않으면 기후 급변으로 엄청난 재난을 당할 수 있다'고 경고했다. 지구 기온은 이미 1도 올라간 상태다. 1.5도 이하로 묶으려면 2030년까지 온실가스를 2010년 대비 45% 줄여야 한다. 지구 온난화는 마치 계란을 탁자 위에 올려놓고 굴리고 있는 상황과 비슷하다. 계란이 탁자 끄트머리에 닫는 순간까지는 아무 일도 일어나지 않는다"고 했다.

지구 온난화로 기후변화가 심각하다. 북극 빙하가 녹아내리고 해수면이 상승한다. 강원도에서 인삼과 사과가 나고, 동해안에서 명태와 오징어가 자취를 감췄다. 꿀벌도 사라지고 있다. 제초제, 살충제를 덜 쓰고, 플라스틱과 일회용품 덜 쓰기를 생활화해야 한다. 말만 할 게 아니라 지금부터, 나부터 실천해야 한다. 선조에게 물려받은 이 땅을 후손에게 온전하게 물려줘야 할 게 아닌가. 나만 편하고 나만 잘살면 된다는 생각으로 마구 먹고 마구 쓰고 마구 버리다 보면 '계란이 탁자 끄트머리를 벗어나는 순간'을 맞이하게 된다. 지금부터라도 덜 먹고 덜 쓰고 덜 버려야 한다. 나는 지구 생태계 오염과 산림파괴, 동식물 멸종 소식을 들으면 가슴이 답답해진다.

레이첼 카슨은 지금으로부터 58년 전인 1962년 《침묵의 봄》에서 이렇게 경고했다.

"환경에 대한 인간의 공격 중 가장 놀라운 것은 위험하고 때로는 치명적인 유독물질로 공기와 토양과 하천과 바다를 오염시킨 일이었다. 이런 피해를 입은 자연은 원상태로 회복이 불가능한데 그 오염으로 인한 해악은 생명체를 유지하는 외부 세계뿐만 아니라, 생물들의 세포와 조직에도 스며들어 다시 되돌릴 수 없는 재난을 불러온다. 농경지와 숲, 정원에 뿌려진 화학약품들은 토양 속에 머물다가 생체기관 속으로 흡수되면서 각각의 생명체를 독극물 중독과 죽음의 사슬로 연결시킨다. 그것들은 비밀스럽게 지하수로 침투한 다음 대기 태양과 결합하여 식물을 죽이고 가축을 병들게 하는 것이다. 앨버트 슈바이처가 말한 것처럼 인간은 자신이 만들어낸 해악을 깨닫지 못한다."

그의 심각한 경고에도 불구하고 세상은 그때나 지금이나 별로 달라지지 않았다. 오히려 경제발전과 더불어 생태계 오염은 점점 심각해지고 있다. 미국과 중국 등 소비강국은 대량생산, 대량소비, 대량폐기를 계속하고 있다. 우리는 소비를 부추기는 새로운 상품에 대한 선망으로 멀쩡한 것도 마구 버리고, 생태계 보존을 위한 일상의 작은 불편함도 받아들이려 하지 않는다. 불필요한 소비를 줄이고 가진 것을 나누며 소욕지족을 실천하지 않으면, 60억 인구를 싣고 매일같이 자전과 공전을 반복하는 작은 별 지구는 머지않아 자정 능력을 상실하고 돌이킬 수 없는 대재앙에 직면할 수밖에 없을 것이다.

임도 따라 쭉쭉 뻗은 금강소나무가 도열해 있다. 소나무 열병식이다. 김성호가 노루궁뎅이 버섯을 발견했다. 노루궁뎅이처럼 생겼다고 노루궁뎅이 버섯이다. 그는 버섯을 끓여 차를 만들어 오겠다고 했다. 노루궁뎅이 버섯은 위암이나 대장암 발생을 억제하고, 역류성 식도염, 위궤양, 십이지장궤양을 치료하며, 치매 예방과 기억력 증진에도 도움이 된다고 한다. 자연이 의사다. 인간은 자연에서 태어나 자연에서 살다가 자연으로 돌아간다.

노루궁뎅이 버섯

'사람아 너희는 흙이니, 흙으로 돌아갈 것을 생각하라.' (창세기 3장)

소나무 상처

금강소나무에 하트(Heart)모양의 깊은 상처가 나 있다. 송진 채취를 위해 껍질을 후벼 팠다. 사람이나 소나무나 깊은 상처는 평생 간다. 나무에도 마음이 있다.

시인 민점호는 《나무입문 1》에서 이렇게 말했다.

"같은 나무를 수없이 찾아가 들여다보고 사진을 찍고 공부하고 글 쓰면서 알았다. 나무에도 마음이 있다는 것을."

나무 한 그루도 아껴야 한다. 종이를 마구 쓰고 버리는 건, 나무에게 죄짓는 일이다. 종이 한 장을 만들기 위해 베어지는 나무를 생각해보라. 인간은 단 한 순간도 자연 없이는 살 수 없다.

4구간 갈림길이다. 대공산성, 사천진, 명주군왕릉 가는 길이 여기에서 갈린다. 걷기 시작한 지 5시간이 지났다. 김태국이 "병천 순대국이 먹고 싶다"고 했다. 배가 고프니 말수가 줄었다. 배낭에 깃발을 꽂은 홍동호 홀로 씩씩하다.

명주군왕릉

명주군(溟州郡)왕릉이다. 명주는 신라 행정구역 9주 5소경 중 하나다.

강릉의 옛 지명은 삼국시대 하슬라(何瑟羅), 통일신라시대 명주(溟州), 고려와 조선시대는 강릉대도호부(大都護府)였다. 하슬라는 우리말로 아스라(阿瑟羅)다. 아주 넓은 땅이다. 명주는 아득할 명(溟)자를 써서 평평하고 넓은 땅을 뜻한다. 《강원향토대관》에 왕릉 이야기가 나온다.

명주군왕릉은 강원도기념물 제12호다. 강릉김씨 시조인 김주원(金周元)의 능이다. 김주원은 태종 무열왕 5세손으로 신라 제37대 선덕왕이 후사 없이 죽자 왕위에 오르려 했으나, 마침 내린 비로 강을 건너지 못하여 군신들이 다시 의논하여 김경신을 왕위에 오르게 했으니 그가 원성왕이다. 다음 해 김주원은 선대로부터 인연이 있는 강릉으로 내려왔고, 원성왕은 김주원을 명주군 왕으로 봉하고 강릉. 양양. 삼척. 울진. 평해 등 동해안 일대를 식읍(食邑)으로 주었다. 조선 명종 때 후손 김첨경(金添慶)이 시조 묘에 관한 꿈을 꾼 후 발견하여 복원했다.

사실 말이 그렇지 '폭우로 물이 불어 강을 건너지 못해서 강릉으로 왔다'는 건 지어낸 말이고, 실제로는 신라 중앙귀족과의 주도권 싸움에서 패하여 내려온 게 아닐까? 김주원은 강릉에 터를 잡고, 신라 중앙귀족과 대립각을 세웠던 지방호족이었다. 도굴산문을 개창한 범일국사(810-889, 속명 김품일)도 강릉김씨의 후손(조부 명주도독 김술원)이었다.

《조당집》에 따르면 그가 당나라에 유학 갔다가 돌아와서 강릉에 굴산사를 세운 것도 문성왕 13년(851) 명주도독으로 있던 김 공의 요청에 의한 것이라고 한다. 또한 강릉 보현사에 지장선원을 연 낭원대사 개청(開淸, 835-930)도 범일국사의 수제자였다. 정치와 종교를 아우르는 강릉김씨들의 영향력이 어느 정도였는지 짐작할 수 있다. 김주원 묘는 불교의 쇠퇴와 더불어 잊혔으나, 조선 명종 때 강릉부사로 있던 김첨경(1525-1583)에게 발견되어 오늘에 이르고 있다.

이병주 교수는 “이야기가 햇볕에 바라면 역사가 되고, 달빛에 물들면 신화가 된다”고 했다.

바우길 사무국 관계자를 다시 만났다.
사무국장 이기호는 사람 좋은 웃음을 지으며 “아, 지는 오늘 우체국 바우회 사람들과 만나서 술 한잔하니 너무 기분이 좋습니다”라고 하며 연거푸 술잔을 비웠다. 그의 꿈은 “바우길 완주자에게 건강보험료 할인 혜택을 주는 것”이라고 했다. 그의 꿈이 꼭 이루어지길 빈다. 운영실장 권미영은 졸저 《대청봉 편지》를 읽고 백두대간 종주를 꿈꾸게 되었다고 했다. 구간구간 꼼꼼하게 읽고 느낌까지 말해주니 보람으로 뭉클했다. 기획실장 노일수는 공군 제대 후 바우길을 세 번이나 걷고 서울로 가던 중 이기호를 만나 인연을 맺었다. 그는 “우리나라에서 믿을 수 있는 곳이 세 군데 있는데, 119와 우체국과 가톨릭이다”라고 하며 무한한 신뢰를 보냈다.

나는 만남의 자리에서 바우길 후원자가 되었다. 권미영은 “사무국장님은 누구한테 회원 가입이나 돈 얘기를 안 한다”고 아쉬워했다. 산타는 사내들은 어디 가서 손 벌리는 데 익숙하지 못하다. 정기후원 회원이 많아져서 바우길 사무국 살림살이가 활짝 피어났으면 좋겠다.

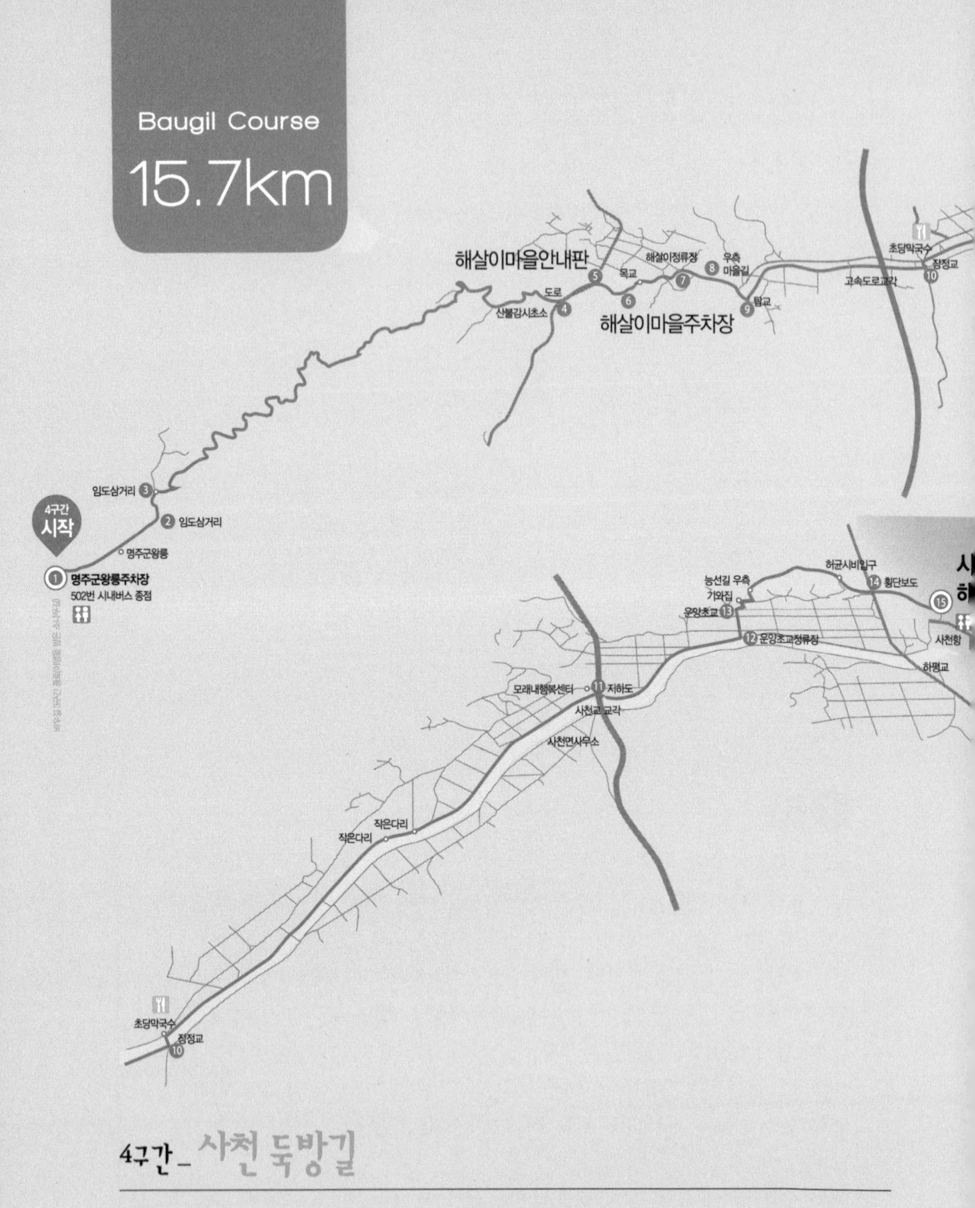

4구간_ 사천 둑방길

백두대간의 줄기에서 푸른 동해바다까지 나아가는 길입니다. 이름도 예쁜 해살이마을의 개두릅밭을 지나 작은 강물의 둑방을 따라 바다로 나갑니다. 봄이면 둑방에 온갖 꽃이 피고, 여름이면 들풀이 자라고, 가을이면 이 냇물로 연어가 올라오는 모습을 바라볼 수 있습니다. 누구든 가을에 이 길을 걸으면 연어를 만날 수 있고, 교산 허균이 태어난 애일당 마을의 꼬부랑 논둑길을 따라 걷는 재미도 각별합니다.

길 위에서 허균을 생각하다

꽃바람 부는 봄 길에 서면 순간순간이 소풍이다. 스스로 꽃이 되고 바람이 되고 술래 잡이가 된다. 초등학교 봄 소풍을 앞두고 양은도시락에 단무지와 계란 반숙을 넣고 돌돌 말은 김밥을 싸주던 엄니가 생각나는 아침이다.

늘 그렇듯 떠난 자의 빈자리는 새로운 자로 메워졌다. 열여덟 명 중 여섯

백목련과 여섯 사람

명이 새로 왔다. 3개월 된 새내기도 있고, 30년 된 선임도 있다. 처음 온 자는 쑥스러워했지만, 백목련처럼 밝고 환한 웃음으로 넉넉하고 떠들썩하다.

이번 구간은 명주군왕릉에서 해살이마을을 지나 사천진에 이르는 봄꽃 흐드러진 15.7km 꽃길이다. 우리나라 최초의 한글 소설 《홍길동전》의 저자 허균(1569-1618) 생가 터가 있는 애일당(愛日堂)을 바라보며, 푸른 파도, 은빛 모래 반짝이는 사천진(沙川津) 해변에 닿는다.

명주군왕릉을 출발하며 삼삼오오 짝이 만들어진다. 그동안 만나지 못했거나 가까이 있어도 데면데면 했던 자들이 금방 친해진다. 임도가 이어진다. 비 온 뒤 흙길이 폭신폭신하다. 찬 공기가 맑고 달다. 근심 걱정 없는 얼굴에 웃음꽃이 피어난다. 땅에는 봄꽃이요, 얼굴에는 웃음꽃이다. 꽃 중에서 가장 예쁜 꽃은 웃음꽃이다.

바위틈에 피어난 진달래꽃

진달래꽃이 피었다. 진달래꽃은 '참꽃'이다.

박석균이 말했다. "어릴 때는 먹을 게 없어서 동네 뒷산에 올라가 참꽃을 따 먹었다. 어른들은 술을 담그고, 꽃을 따서 전(煎)을 부쳐 먹기도 했고, 문창호지를 바를 때 참꽃무늬를 넣어 멋을 부리기도 했다. 선조들은 가난했지만 멋과 여유가 있었다." 멀리 사천진, 하평리, 갈골, 해살이마을이 아늑하고 평화롭다. 밭가는 농부가 한 점이다. 허균 생가 터 뒷산 교산(蛟山)이 가깝다. 풍수에서는 교산을 마치 용이 누워있는 것 같다고 와룡(臥龍)이라고 한다. 오대산에서 발원된 산줄기가 점점이 이어져 내려와 생가 터 뒤를 돌아서 바다에 닿는다. 명당이라고 다 좋은 것은 아니다. 명당은 기가 세서 아무나 못산다고 한다. 풍수학자 최창조는 "좋은 땅이란 없다. 학교 다닐 때 가까운 길보다 좋아하는 꼬불꼬불한 골목길을 걸어 다니듯 사람이나, 동물이나 어떤 자리에 가면 마음이 편안해지고 추억이 떠오르는 터가 있다"고 했다. 사람마다 맞는 옷이 있듯이 자신한테 맞는 터가 있지 않을까?

배낭에서 먹을 것을 꺼냈다. 사과, 바나나, 곶감, 카스텔라. 조금만 꺼내도 풍성하다. 길에서 배우는 건 재물이든 음식이든 나누고 베풀다 보면, 넉넉해지고 도와주는 사람이 생긴다는 것이다. 작은 부자는 아끼고 모아서 될 수 있지만, 큰 부자는 사람이 가져다준다. 큰 부자가 되려면 많이 베풀어야 한다. 많이 뿌려야 많이 거둔다. 성경에 나오는 '오병이어(五甁二魚)의 기적'도 나눔과 베품의 비유다.

새내기 김현은 호기심이 많다. '왜'라는 말을 입에 달고 산다. 호기심은 아이디어의 보고다. 나이가 들면 호기심이 없어지고 변화를 싫어한다. 경험이 최고라고 하지만, 경험이 발목을 잡을 수도 있다. 성공 경험에 안주하다가 시대의 변화를 읽지 못하고 무너지는 기업이 얼마나 많은가? '왜?'라는 질문에 멈춰 서서 시장의 흐름을 들여다보고 일하는 방향과 방법을 개선해 나가야 한다.

임도 옆 산불피해지역이다. 그루터기만 남은 벌거숭이산은 조금씩 제 모습을 찾아가고 있었다. 자연의 복원력은 놀랍다. 소설가 김훈은 《자전거 여행 1》에서 "타고남은 그루터기들이 움싹을 길러서 숲은 저절로 회복되어 가고 있었다. 숲이 꼴을 갖추어가자 벌레와 짐승들도 저절로 모여들었다. 다 저절로 그렇게 된 것이고, 사람이 공들이고 돈 들여서 한 일이 아니다. 숲은 저절로 인 것이다"라고 했다. 강원대 교수 정연숙도 "우리 숲은 복원능력이 있다. 자연 복원된 숲은 생태학적으로 건강하고 재앙에 대한 저항력과 복원력이 크다. 왜 무의미하게 막대한 돈을 쓰려고 하는가. 제발 내버려 둬라. 제발 손대

산불피해지역 너머로 산줄기와 마을이 조화롭다.

지 말라. 제발 아무 일도 하지 말아 달라"고 했다.

자연에서 배우는 건 복원력이다. 인간이 간섭하는 순간 자연은 망가지기 시작한다. DMZ 생태계를 보라. '재난의 자리를 삶의 자리로 바꾸고 재난 속에서 삶의 방편을 찾아내는 숲'을 보며, 우리는 배워야 한다. 잘 모르면 그 냥 내버려두라. 불탄 숲에서 솟아나는 여린 새싹처럼 절망 속에서도 희망을 일구어 내는 것은 수많은 잡초와 나무들이다.

키 작은 나무 사이로 진달래가 고개를 살짝 내민다. 그루터기 사이를 아기 다람쥐가 폴짝폴짝 뛰어다닌다. 산 주인은 사람이 아니라 풀과 나무, 동물이다. 눈동자를 이리저리 굴리며 뛰어다니는 아기 다람쥐 모습이 귀엽다. 임도를 내려오자 산불감시초소에 소방차량이 서 있다. 영동지역은 봄바람이 거세다. 산불이 한 번 났다 하면 바람을 타고 순식간에 번진다. 봄만 되면 지방자

시멘트 틈에서 피어난 민들레

치단체와 산림청은 비상이다. 양간지풍 통고지설(襄杆之風 通固之雪)이라고 했다. 양양과 간성은 바람이요, 통천과 고성은 폭설이다. 얼마 전 동부지방 산림청장과 국토해양부 강릉국도유지사무소장을 만났는데 우스갯소리로 "봄바람이 불면 산림청이 비상이고, 눈비가 오면 국도유지사무소가 비상이다"고 했다. 역지사지(易地思之)다. 입장 바꿔 생각해보면 보이지 않던 것들이 보이기 시작한다. 다름을 인정하면 갈등이 줄어들고 해결책이 보인다. 나만 힘든 게 아니다. 남들도 모두 힘들게 살아간다. 남의 떡이 커 보인다.

강릉시 사천면 사기막리 해살이마을이다. 사기막리(沙器幕里)는 200년 전 사기를 굽는 움막이 많았다고 '사그막', '사기막'이라 불렀다. 1916년에 무일, 안싯골, 용연동을 사기막으로 합쳤다. 지금도 땅을 파면 사기조각이 나온다고 한다. '해살이'는 햇볕이 들면 잘 자란다고 하여 '해살이풀', 아플 때 해답이 되는 풀이라고 '해답이 풀'이다. 또 다른 이름은 창포(菖蒲)다. 단옷날 여

창포 꽃

자들은 창포 삶은 물로 머리를 감고, 창포뿌리를 깎아 비녀를 만들어 꽂았다. 남자는 액(厄)을 물리치기 위해 허리춤에 차고 다니기도 했다.

창포 꽃을 말려 창포 요를 만들어 자고나면 질병이나 귀신이 다가오지 못했다고 한다. 남산당에서 펴낸 《방약합편》에는 "창포는 성질이 따뜻하다. 심규(心竅)를 열고, 마비와 풍(風)을 없애주고 목소리가 잘 나오게 한다"고 했다. 해살이마을에는 매년 4월 말 '개두릅 축제'가 열린다. 마을 곳곳에 개두릅이 심어져 있다. 가시가 뾰족뾰족하다. 김현이 물었다. "두릅은 왜 가시가 있을까요?" 김진이 말했다. "과육을 보호하려는 보호본능이 아닐까요?" 김진은 도움을 청하면 언제든지 달려와 해결해 주는 해결사다. 사람들은 그를 '엔젤(천사)'이라 부른다.

폐교(1996. 2. 28.)된 사기막초등학교다. 수백 년 묵은 백목련에 꽃이 활짝 피었다. 백목련을 배경으로 처음 온 자들이 한 줄로 화사하다. 홍란희와 김현이 함박웃음으로 포즈를 취했다. 여자들은 카메라 앞에만 서면 표정이 달라진다. 출산율이 줄어들어 폐교되는 초등학교가 늘고 있다. 우체국도 통상우편물이 줄어들어 살림살이가 어렵다. 인터넷과 모바일에 익숙하지 못한 시골 주민을 위해 적

자를 내면서도 시골 곳곳에 우체국이 남아 있다.

해살이마을 안길이다. 빨간 우편 수취함을 만났다. 우체국 사람 본능이다. 마음 가는 곳에 풍경이 있다. 직업은 못 속인다. 갯가 물오른 버드나무가 초록으로 선명하다. 봄은 색(色)의 계절이다. 연초록, 연분홍, 빨강, 노랑……. 천지사방 색깔로 충만하다. 사천 둑방길이다. 시멘트길이다. 흙길은 곡선이요, 포장길은 직선이다. 시멘트 길은 발바닥이 아프고 무릎도 아프다. 시멘트 길은 오래 걸으면 쉬이 피곤해진다. 자연친화적인 바우길과 어울리지 않는다. 바우길 사무국장에게 전화를 했다. "4구간을 왜 둑방길로 바꿨는지요? 시멘트길은 자연친화적인 바우길 이미지와 다르고, 걸을 때 발바닥과 무릎에 부담을 줍니다. 허균 생가 터인 애일당도 가 볼 수 없어서 아쉽습니다." 사무국장이 말했다. "예전 길은 초등학교와 굴다리, 마을길을 지나도록 설계했는데 다녀가신 분들이 복잡하고 찾기 힘들다는 의견이 많아서 쭉 뻗은 둑방길로 바꿨습니다. 스위스 등 유럽에 있는 길을 참고하여 4-1길, 4-2길을 만들어 걷는 사람들이 선택할 수 있도록 하는 방안을 검토하고 있습니다."

주 바우길 사무국은 건의를 받아들여 2020년부터 애일당을 지나도록 변경하였다.

조금씩 지쳐갈 무렵 김성호가 노루궁뎅이 버섯 삶은 물을 꺼냈다. 지난 3구간 때 산에서 얻은 노루궁뎅이 버섯에 한약재와 토종꿀을 넣고 정성스럽게 달였다. 김성호가 약속을 지켰다. 작은 약속을 지킬 줄 아는 자는 큰 약속도 잘 지킨다. 깜짝 놀랄 일이 생겼다. 최제무가 새카만 상자에서 쑥떡을 꺼냈다. 바우회 사람들이 사천 둑방길을 지난다는 소식을 듣고 최제무 부인(유연교)이 쑥떡을 가져온 것이다. 최제무 집은 둑방에서 가깝다. 쑥떡은 "지난 해

최제무와 쑥떡, 이럴 때 나는 눈물이 난다.

여름, 쑥을 캐서 밀기울로 반죽한 다음 냉장고에 넣어두었다가 엊저녁 꺼내 쑥떡을 만들었다"고 했다. 정성으로 빚은 떡이다. 가슴이 뭉클하다. 정성이 담긴 선물이 진짜 선물이다. 신동균은 곶감을, 홍란희는 바나나를 꺼냈다. 신영복은《손잡고 더불어》에서 "가족적 애정이 그곳에 형성될 수 있기 위해서는 함께 나누어 먹는 일이 바탕에 깔려야 한다. 교도소 경험에서 느낀 건데 같이 고추장을 나눠먹고 미원도 나눠먹고 이렇게 나눠먹는다는 사실이 바탕에 깔려있을 경우에는 모든 허물 같은 것을 서로 덮어주고 도와준다"고 했다.

둑방길을 걸으며 도란도란 대화가 이어진다. 장정희와 김성호는 주문진우체국 시절 묵은 얘기를 꺼냈다. 늦깎이로 들어온 김성호에게 장정희는 소소한 배려를 아끼지 않았고, 김성호는 그때의 고마움을 잊지 않고 있었다. 오래된 고마움이다. 과수원에 꽃이 활짝 피었다. 김진은 벚꽃이라 했고, 누구는 복숭아꽃이라 했다. 복숭아꽃인 이유는 "과수원 주인이 과수원 입구에 쓸데없이 관상용 꽃을 심을 까닭이 없다"는 것이었다. 누구는 "다수결로 정하자"고 했다. "우리 사회는 무조건 목소리 큰 놈이 이긴다"는 말에 한바탕 너털웃음이 퍼져나간다. 나는 "과수원으로 내려가서 무슨 꽃인지 확인해보지도 않고 다수결로 꽃 이름을 정하는 건 말도 안 되는 소리"라고 했다. 생활 곳곳에서 이런 모습을 발견할 수 있다. 팩트 체크(Fact Check)가 먼저다.

전영재는 시종일관 묵묵하다. 전영재 부친은 고등학교 교장이었다. 장정희는 "전영재 부친이 고교시절 스승이었다"고 했다. 스승의 아들과 제자가 40년 후 바우길에서 만나 함께 걷고 있다. 인연의 끈은 이렇듯 놀랍다. 우리 사회는 두세 다리만 거치면 다 알게 되어 있다. 학연, 지연, 혈연으로 연결된 연줄 사회다. 그래서 '둥글둥글 살아라', '그냥 중간만 가라'는 말이 나오는 거다. '원수는 외나무다리에서 만난다'는 속담도 있다. 사회생활하면서 남하고 부딪히지 않고 살 수 있다면 그 사람은 생불(生佛)이요 예수그리스도다. 무엇 때문에 싸우느냐가 중요하다. 밑바닥을 들여다보면 돈과 명예와 자존심 문제가 얽혀있다. 인정할 건 인정하고 포기할 건 포기하면 되는데 그게 쉽지 않다. 어떻게 사느냐는 결국 남을 배려하고 얼마나 욕심을 줄이느냐의 문제다.

길 위에 사람들이 모여 있다. 길이 헷갈려 항공지도를 보고 있다. 홍동호는 인터넷에 나온 길과 책자에 나온 길이 다르다고 했다. 의견이 분분하다. 길을 잘 아는 자가 누구겠는가? 또 다시 전화를 했다. 바우길 사무국장은 "시멘트 길을 계속 따라 가면 국도가 나온다"고 했다. 물어보면 되는데 우리는 묻지 않는다. 궁금해도 묻지 않고 몰라도 묻지 않는다. 물어보는 걸 창피하게 생각하고 자존심 상한다고 한다. 묻고 답해야 소통이 되는데 닥치고(?) 받아 적기에 바쁘다. 윗사람이 말하는 데 이의를 제기했다간 찍혀서, 뒤끝이 작렬하면 두고두고 어려움을 겪는다. 그러나 이제는 시대가 조금씩 변하고 있다. 달달

낚싯대 수면 위로 햇살이 반짝인다.

외워서 시험 잘 보고, 시키는 일 잘하고, 줄 서고, 끈 잡아서 성공하던 시대는 가고 있다.

둑방 밑에 낚싯대를 드리운 촌로(村老)가 앉아있다. "고기가 좀 잡혀요?" "겨우 한 마리 잡았어요. 새벽에 일어나서 한과 만들어놓고 붕어 잡으러 나왔어요. 하루에 스무 마리 정도 잡습니다." 김성호가 카메라를 들이댔다. 농담으로 "이 양반 〈KBS〉에서 나왔어요"라고 하자, 모자를 벗고 활짝 웃는다. 1인 방송과 유튜브가 대세라지만 지상파의 위력은 아직도 힘이 세다.

'기상의 날' 기념식에서 만난 〈KBS 강릉〉 방송국장은 "유튜브와 가짜뉴스 때문에 골치가 아프다. 경쟁매체가 많아져서 힘들다. 하루하루 새로운 아이템 개발에 노력하고 있다"고 했다. 어딜 가나 경쟁사회다. 사람들은 내가 제일 힘들다고 생각하는데, 알고 보면 대충 일하고 월급 받는 곳은 없다. 구상

시인은 "앉은 자리가 꽃자리니라. 네가 시방 가시방석처럼 여기는 네가 앉은 그 자리가 바로 꽃자리"라고 했다.

갈골 한과마을이 지척이다. 강릉시 사천면 노동중리(蘆洞中里)다. 갈대가 많아 '갈골'이요, 갈대 노(蘆)자를 써서 '노동리'다. 한과는 옛말로 과줄이다. 130년 된 갈골 한과는 1989년 한국 전통식품 제2호, 강원도 전통식품 제1호로 지정되었다. 《강원향토대관》에 따르면 "갈골 한과는 과줄 역사의 산증인 이원섭 여사가 1920년 당시 19살 나이로 갈골마을로 시집오면서 시작되었다. 이원섭이 쌀을 재료로 전통방식으로 과줄을 만들어 마을에 보급하면서 상품화되기 시작하였다"고 한다.

본격적인 보급은 2004년부터였고, 마을 전체가 체계적인 주문배송시스템을 갖춰 택배로 배송되기 시작한 것은 2010년부터다. 당시 강릉우체국 심건구, 정호백, 강선일, 이기옥, 한현수, 조기완 등이 견인차 역할을 했다. 해마다 명절이 되면 강릉우체국과 강릉우편집중국에서 인력과 차량을 보내 현지에서 접수 배송하고 있다. 강릉우체국 김창남은 10년째 배송 총괄을, 강릉우편집중국 박무균은 운송을 담당하고 있다. 이밖에도 갈골 한과 배송에는 우체국 직원과 비정규직 젊은이들의 땀과 노고가 담겨있다. 갈골 한과는 명절 때 주문접수 요원 수십 명을 고용하여 지역경제 발전에도 기여하고 있다. 〈KBS〉 프로그램 '다큐 3일'에 방영된 후에는 평일에도 방문객이 찾아오고 전화 및 인터넷 주문도 크게 늘어나고 있다고 한다.

쑥떡과 노루궁뎅이 버섯 달인 물을 먹고 다시 길을 나섰다. 길 안내자는 사천이 고향인 홍동호다. 그는 길 건너 산죽 숲 사이로 나 있는 소롯길이 허균의 외가인 애일당(愛日堂) 가는 길이라고 했다. 허균의《애일당기(愛日堂記)》에는 "외조부가 바닷가에서 가장 가까운 땅을 가려서 당을 마련하니 아침에 일어나 창을 열면 해돋이를 볼 수 있다. 외조부가 모친을 위해 그렇게 한 것이다"라고 하였다.

애일당과 허균 시비

애일당 뒷산은 이무기가 누워있는 모습으로 지맥(支脈)이 사천 모래사장에서 그치므로 교산이라 하였다. 허균은 외가 뒷산 이름을 따서 호(號)를 교산(蛟山)이라 했다. 허균은 외가인 사천 애일당에서 태어나 친가인 강릉 초당(草堂)에서 자랐다. 애일당은 외조부 김광철, 초당은 부친 허엽(許曄, 1571-1580)의 호다. 애일당은 오대산 정기가 내려와 뭉쳐있는 명당이다.

허균은 임진왜란 때 함경도로 피난 갔다가 이곳으로 돌아와 퇴락한 애일당을 고쳐 짓고 '누실명(陋室銘)'이란 시를 지었다.

"빈 항아리 차를 거우르고, 한 잡음 향 피우고, 외딴 집에 누워 건곤고금을 가늠하네. 사람들은 누실이라 하여 살지 못하려니 하건만, 나에겐 신선의 세계인 저."

허균 외조부는 딸만 둘 있었는데, 명당 정기가 허씨 가문으로 넘어가는 걸 막기 위해서 사위와 딸이 애일당에서 동침하는 것을 금했다. 그러나 그게 막는다고 될 일인가? 허균 부친 허엽은 장인 김광철의 눈을 피해 둘째 부인 강릉김씨와 동침하여 허봉(許篈, 1551-1588), 허초희(許蘭雪軒, 1563-

1589), 허균(1569-1618)을 낳았다. 허엽은 첫째 부인 청주와의 사이에서 아들 하나와 딸 둘을 두었는데, 아들이 허균의 배다른 맏형 허성(許筬)이다. 문재(文才)도 타고난다. 허엽, 허성, 허봉, 허초희, 허균 모두 글쓰기에 일가를 이루었다. 허난설헌기념관에 허씨 일가 다섯 명의 시비가 세워져 있다.

이상 사회를 꿈꾸며 시대와 불화를 겪었던 혁명가이자 풍운아였던 허균. 불교에 심취하였고 기생, 노비 등 천민들과 어울리며 자유분방하게 살았던 허균은 불후의 명작이자 최초의 한글소설 《홍길동전》을 남기고, 광해 10년(1618) 8월 24일 50세를 일기로 역사의 무대에서 내려오고 말았다.

허균의 최후에 대해 조선의 사관은《광해군일기》131권에서 "역적 허균, 하인준, 현응민, 우경방, 김윤황을 저잣거리에서 정형하다"라고 했다. 광해군은 선조와 첫째 후궁이었던 공빈 김씨 사이에서 태어난 둘째 아들이었다. 임진왜란이 발발하자 선조는 한양을 버리고 의주로 피신했다. 선조는 의주에서 광해군을 세자로 책봉하여 민심수습을 맡겼다. 임란 후 1600년 선조는 정비 의인왕비가 자식 없이 죽자, 1602년 계비 인목왕비를 맞아들여 1606년 영창대군을 낳았다. 선조는 당시 야당이었던 서인세력과 공모하여 세자였던 광해군을 폐하고 나이어린 영창대군을 새 세자로 책봉하려고 하였다. 명분은 광해군이 서자이며 둘째 아들이라는 것이었다. 그러던 차에 선조가 죽고 광해군이 임금으로 즉위하였다. 당시 집권 여당이었던 북인세력은 광해군의 친형 임해군과 이복동생 영창대군, 인목대비 부친 김제남을 역모 죄로 몰아 죽였다. 이어서 광해 9년(1617) 이이첨과 한찬남 등 북인세력은 선조의 계비 인목대비를 폐하려고 하였다. 같은 북인이었던 기자헌은 폐모는 지나치다고 반대하다가 함경도 길주로 유배되었다.

그러면 폐모론을 둘러싸고 허균은 어느 편이었을까? 김제남을 지지했던 서인세력이었으나, 세가 불리해지자 등을 돌리고 폐비를 주장하던 집권세력인 북인 편으로 갈아탔다. 갈아타기는 일견 성공한 듯 보였다. 산이 높으면 골이 깊은 법. 결국 지나친 욕심이 화를 부르고 말았다.

역사학자 이덕일은 《조선이 버린 천재들 허균편》에서 "허균은 인목대비 폐비를 주장하며 이이첨의 지원을 받아 형조판서(1616)까지 오르는 등 출세가도를 달렸다. 그러나 광해군 세자빈으로 있던 이이첨의 외손녀가 아들을 낳지 못하자, 허균의 딸이 세자의 후궁으로 내정되는 일을 계기로 이이첨은 허균을 제거하려고 벼르고 있었다. 그런데 때마침 '숭례문 벽보 사건'이 터진 것이다"라고 했다.

이이첨과 한찬남은 허균을 제거하기로 마음먹고 허균 주변을 살피며 때를 기다렸다. 마침내 그날이 왔다. 광해 10년(1618) 8월 10일 숭례문 벽보(아비를 죽이고 형을 죽인 자를 벌하려 하남대장군이 오리라)사건이 발생했다. 때가 왔다. 이이첨은 허균의 첩 추섬을 즉시 잡아들였다. 심문(審問) 결과 벽보를 붙인 자가 허균의 심복 현응민(허균의 외가 쪽 서얼 출신)이며, 허균이 의창군(선조의 둘째 후궁 인빈 김씨 소생)을 왕으로 추대하여 8월 15일 거사하려 하였다는 자백을 얻어냈다. 역모였다. 그러나 허균은 추국장에서 붓을 내던지며 혐의를 완강히 부인하였다. 허균을 가까이했던 광해군은 조속한 사형집행을 주장하는 이이첨에게 "오늘 정형(正刑 : 사형집행)하지 않겠다는 것이 아니라 심문한 뒤 정형하고자 하는 것이다"라고 하며 주저하였다. 이에 이이첨은 "지금 만약 다시 묻는다면 허균은 반드시 잠깐 사이에 살아날 계책을 꾸며 다시 함부로 말을 낼 것이니 도성의 백성들을 진정시킬 수 없을까 걱정된다"고 하며 겁박하였다. 왕은 끝내 군신들의 협박을 받고 어쩔 수 없이 따랐다. 《광해군 일기》 10년 8월 24일에는 "허균이 크게 소리쳐 할 말이 있다고 하였으나 국청의 상하가 못들은 척하니, 왕도 어찌할 수가 없어서 그들이 하는 대로 맡겨둘 따름이었다"라고 했다.

허균이 역모를 꾸몄을까? 죽은 자는 말이 없다. 허균은 살아남기 위해 오락가락 줄타기를 했지만, 정치 대부였던 이이첨이 친 '역모' 프레임에 걸려들고 말았다. '역모' 프레임은 한 번 걸리면 빠져나올 수 없었다. 어렵사리 빠져나왔다 하더라도 평생 숨죽이며 살아야 했다. 이이첨도 무사하지 못했다. 그는 1623년 인조반정으로 광해군이 폐위되자, 가족과 함께 경기도 광주로 도망가다 죽임을 당했다. '역모' 프레임'은 '동학당', '천주학쟁이', '매국노', '빨갱이', '적폐' 등으로 이름을 바꾸면서 지금도 계속되고 있다. 예나 지금이나 정치는 '프레임 전쟁'이다. "역사에 에누리는 없다." 《21세기를 위한 21가지 제안》의 저자 유발 하라리의 말이다.

7번국도 따라 주문진 가는 길에 너른 들판이 나타난다. 하평리(下平里)들판이다. 강릉 쌀 브랜드 '햇살가득'이다. 동해 바람이 키워낸 청정 쌀이다. 허균과 홍길동전을 생각하며 '햇살가득'을 '홍길동쌀'로 이름을 바꾸면 어떨까?

사천진이다. 흩날리는 하얀 포말과 파도소리가 들려온다. 반짝이는 해변은 사진 담는 자로 가득하다. 총무와 카페지기가 사진 촬영을 위해 이리저리 뛰어다닌다. 이런 일을 누가 시켜서 하겠는가. 인간은 놀이를 하거나 하고 싶은 일을 할 때 창의력이 발휘된다. 좋은 아이디어는 사무실이 아니라 놀거나 잡담을 하면서 나오는 법이다. 인공지능 박사 조봉한은 "인공지능이 도저히 따라올 수 없는 인간만의 능력은 '왜?라고 묻는 힘', '관계를 끌어내는 힘', '변화를 통해 예측하는 힘', '한마디로 꿰뚫어 보는 힘'"이라고 했다. '꿰뚫어 보는 힘'에서 나는 고승의 선문답을 떠올렸다. 나만의 브랜드(Brand), 나만의 인사이트(Insight)가 있어야 한다. 남들이 따라오지 못할 당신만의 브랜드(Brand), 당신만의 한 방은 무엇인가?

후기

3월 25일 허균 시비가 있는 애일당을 찾았다. 대나무 숲길 지나 처음 만난 것은 펜션이었다. 황당했다. 펜션 대신 허균 문학관, 또는 주차장을 기대하고 갔던 나는 실망했다. 허균 시비를 가리키는 조잡한 표지판을 보고 잡초 가득한 길로 들어서자 묘 3기가 한 줄로 서 있고 길옆에는 을씨년스러운 폐가 한 채가 잡초에 묻혀 있다. 더 들어가자 대나무와 소나무에 둘러싸인 애일당이 나타났다. 국도 표지판을 보고 허균 시비가 근사한 것처럼 상상했지만, 막상 들어가 보니 실망스럽기 그지없다. 허균 생가 터 복원을 위한 노력이 필요하다. 영월 김삿갓 묘를 보라. 1982년 영월향토사학자 고 박영국 선생의 눈물 나는 노력 덕분에 산골짜기 인적 없는 곳에 찾는 자 없이 방치되어 있던 김삿갓 묘를 찾아냈고, 이후 진입로를 내고 김삿갓 문학관을 만들고, 면 이름도 김삿갓면으로 바꾸는 등 영월군과 지역 주민의 헌신적인 노력에 힘입어 관광명소가 되었다. 조선이 낳은 천재 문학가 허균 생가 터 복원이 필요하다.

Baugil Course

15km

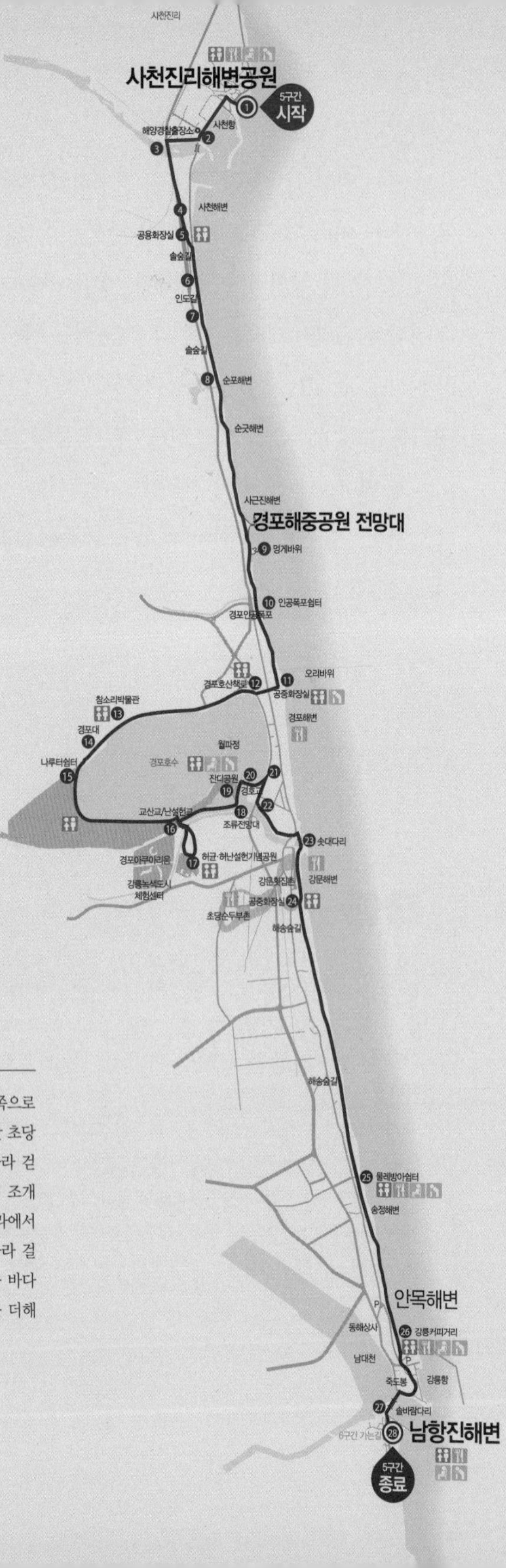

사천진리해변공원

5구간 시작

경포해중공원 전망대

안목해변

남항진해변

5구간 종료

5구간_ 바다 호숫길

사천진리 해변공원에서 바다를 따라 남쪽으로 경포해변과 경포호수, 허난설헌이 태어난 초당 마을을 지나 다시 남항진까지 바다를 따라 걷는 길입니다. 파도가 밀려오는 해변가에 조개껍질을 주으며 걸을 수도 있고, 우리나라에서 뿐아니라 동양 최대의 해변 솔밭길을 따라 걸을 수도 있습니다. 경포호숫길의 정취와 바다 옆 솔밭길이 이 길의 아름다움과 추억을 더해 줍니다.

산불, 허난설헌 그리고 커피

2019년 고성 산불 현장

피지직! 팍! 팍! 고압선에 불꽃이 튀었다. 불꽃은 강풍을 타고 삽시간에 미시령 아래 속초 학사평 마을과 영랑호 주변을 휩쓸었다. 2019년 4월 3일 오후 7시, 강원도 고성군 토성면 원암리 22,900V 고압선에서 발생한 산불은 1시간에 10km를 날았다. 영동 사람들이 말하는 날아다니는 '도깨비 불(飛火)'이었다.

밤 11시 45분 강릉시 옥계면 남양리 야산에도 불이 났다. 산불은 백복령에서 내려온 강풍을 타고 마을을 삼킨 후 바다 쪽으로 향했다. 동해 고속도로 휴게소는 새카맣게 그을렸고, 망상 오토캠핑장은 뼈대만 남았다. 산불을 피해 달아나던 동물도 타죽었다. 토끼, 고라니, 다람쥐가 죽었고, 농가에 목줄이 묶여 있던 백구도 몸부림치다 죽었다. 날이 밝기 시작하자 산불은 이제 백두대간으로 향했다. 산불을 움직이는 건 바람이었다. 바람은 어찌할 수 없었고 속수무책이었다.

날이 밝자 전국에서 소방인력 3천여 명, 소방차 872대, 산림청과 소방청, 군 헬기 50여 대가 동원되었다. 소방차를 몰고 속초로 향하는 차량 행렬을 향해 누리꾼들은 '속초로 향하는 영웅들'이라고 응원했으나 말과 글로는 불을 끌 수 없었다. 바람이 잦아들고 헬기가 물을 퍼서 산불 핵심부에 쏟아 붓자, 불길이 서서히 잡히기 시작했다. 산불은 겨우 껐으나 피해는 막심했다. 산림청은 산불피해면적이 약 1,757ha로, 축구장 2,460개, 여의도 면적(290ha)의 6배라고 했다. 농가주택과 창고, 비닐하우스 수백 채가 불탔고, 통신망(기지국 79개소, 중계기 172개소, 인터넷 235회선)도 불타거나 파손되었다.

동해안 산불은 역사가 깊다. 《조선왕조실록》에는 "1524년 3월 19일 경포

산불을 끄고 있는 산림청 헬기

대와 민가 244호가 불탔고, 1660년 3월 1일 삼척에서는 민가 170호가 불탔다"고 했다. 《임영지(臨瀛誌)》에는 "1804년 3월 3일 고성, 삼척, 강릉에 불이 나서 율곡 선생의 위패를 모신 강릉 송담서원과 재실 등 80칸이 불탔다. 3월 12일에도 삼척, 강릉, 양양, 간성, 고성, 통천 등 여섯 고을에서 민가 2,600호와 절 3곳, 어선 12척, 곡식 600섬이 불탔다"고 했다. 1996년 4월 고성산불(3,762ha), 2000년 4월 동해 · 삼척(23,794ha), 2005년 4월 양양(973ha), 2017년 5월 강릉 · 삼척 산불(1,017ha)로 큰 피해를 입었다. 해마다 봄이 되면 속초와 양양, 강릉, 동해, 삼척 등 동해안 지자체는 산불 비상이다.

산불은 생태계에 변화를 가져오고 복구되는데도 오랜 시간이 걸린다.

국립산림과학원이 강원도 산불피해 복원지 생태계 변화를 20년간 모니터링한 결과 "산불이 난 후 개미는 13년, 조류는 19년, 경관 및 식생은 20년, 야생동물은 35년, 토양은 100년이 걸려야 복구된다"고 했다. 2019년 4월 8일 강릉우체국에 산불피해 지역 주민에게 보내는 구호물품이 도착했다. 상자에 물품내역이 꼼꼼하게 적혀있다. '어르신 옷, 60대 이상 여성 티, 점퍼, 남자 105 사이즈 티 두 장, 주방용품, 물티슈 2장, 종이 호일 1개, 롤팩 2개, 담요 1장, 아기 옷(신생~돌 이전), 아기 과자, 약품(밴드 등), 기저귀(4단계 밴드 형), 색연필 등…….'

전국 각지에서 보내온 구호물품

구호물품은 우편법 제26조에 따라 무료우편물로 취급한다. 강릉시 옥계면 마을회관에 구호물품을 배달하는 이한익은 "이럴 땐 가슴이 뭉클해진다. 작은 힘을 보탤 수 있어서 보람과 자부심을 느낀다"고 했다. 4월 11일 구호성금과 격려품을 가지고 마을회관을 찾았다. 천남리 이장은 "산불이 나던 날 주민대피 방송을 하고 돌아와 보니 살던 집이 불타고 뼈대만 남았더라고요. 기가 막혀서 눈물도 안 나왔어요. 앞산의 소나무는 칠십 년 이상 보고 자란 가족 같은 나무였습니다. 불타버린 나무는 100년 이상 된 소나무입니다. 정들었던 친구를 잃어버린 것 같아 섭섭하고 허망합니다"라고 했다.

그는 구호물품을 보내주시는 분께 꼭 전해달라며 이렇게 말했다.

"어떤 분은 아기 옷과 기저귀, 생리대를 보내주시는데, 시골에는 65세 이상 된 노인들이 대부분입니다. 생필품을 보내주셔서 고맙고 감사한 마음은 이루 말할 수 없지만 보관 장소가 없습니다. 현장자원 봉사는 피해지역 전수조사가 끝나는 2~3주 후부터 나갈 수 있습니다. 현재 인력으로도 충분합니다."

강릉시 옥계면 산불현장

뉴스와 현장은 이렇게 다르다. 재난현장에 구호물품을 보내고, 자원 봉사를 하려면 필요한 물품이 무엇인지, 자원봉사는 언제부터 할 수 있는지 등을 먼저 알아보고 도와주었으면 좋겠다. 언론도 구호물품을 보내려는 분을 위해서 지자체나 구호단체의 상황을 취재해서 정보를 알려주면 좋겠다. '재난현장에 답이 있다'는 말은 언제나 정답이다.

5구간 출발을 앞두고 고민에 빠졌다. 이웃은 산불피해로 고통 받고 있는데 바우길을 걷는다는 게 도리가 아닐 듯해서 주저했다. 그러나 문재인 대통령은 산불피해지역 식당이나 숙박업소 예약이 무더기로 취소되고 있다는 보고를 받고, 4월 9일 오전 청와대에서 열린 국무회의에서 "산불로 강원도 관광산업과 지역경제에 큰 어려움이 예상된다. 이럴 때일수록 강원도를 더 많이 찾아 주신다면 강원도민에게 큰 힘이 될 것이다"라고 했다. 고요하게 다녀온 후 산불피해지역 복구에 동참하기로 했다.

길 떠나는 날 아침, 밤새도록 세차게 불던 바람이 뚝 멎었다. 쾌청하다. 벚꽃과 백목련이 활짝 피었다. 사천진 해변이다. 바람이 잠잠하니, 파도도 잔잔하다. 원주에서 이달형, 김경미 부부가 달려왔다. 유연교도 왔다. 이달형은 "예전에 원주에서 경포대까지 130km를 무박으로 걷고 나서 신발을 벗어보니 발톱 2개가 빠졌더라"고 하며 활짝 웃었다. 김경미는 부산 사투리를 섞어 "신랑이 워낙 술을 좋아해서 운전기사로 따라왔다"고 조곤조곤 말했다.

이번 구간은 벚꽃이 만발한 경포호수와 커피거리로 유명한 안목항을 지나 남항진까지, 해변 모래사장과 바다를 바라보며 걷는 15km, 5시간 코스다. 강릉 사는 사람도 한 번에 쭉 걸어 보기 힘든 명품코스다. 갯내음과 하얀 파도 철썩이는 모래사장 따라 해변길이 쭉 이어진다. 만나자마자 하고 싶은 말

사천해변을 지나며

이 쏟아진다. 길 위에 서면 모두가 평등하다. 허균이 《홍길동전》에서 꿈꾸었던 세상이 강릉 바우길에 있다.

신동균은 "욕심 버리는 연습을 하고 있다"고 했다. 이달형은 "많은 길을 걸어봤지만 이렇게 좋은 길은 보지 못했다"고 했다. 모래사장에 동그랗게 모여 앉았다. 최제무는 다시마 볶음을, 김성호는 카스텔라를 꺼냈다. 곽종일은 내려온 커피를 돌아가며 나눠주었다. 나눔의 기적이 따로 있겠는가? 하얀 포말과 긴 해안선을 바라보며 먹는 간식은 꿀맛이다.

사근진(砂斤津)이다. 남녀 꼬마 두 명이 모래성을 쌓고 있다. 깔깔대는 웃음소리와 어우러져 한 폭의 풍경이다. 모래사장에서 동심(童心)을 보며 때 묻은 마음이 조금 씻어진다.

홍동호는 걸음이 빠르다. 그는 길이 헷갈릴 때마다 방향을 잡았다. 경포 해변이다. 최규인은 초당 사람이다. 허허실실(虛虛實實)이다. 막걸리 두 병을 가져와서 모래사장에 앉아 한 병을 비웠다. "경포지역 우편물을 배달할 때는 집만 보고 다녔는데, 걷다 보니 미처 보지 못했던 걸 보게 된다"고 했다. 최규인이 '미처 보지 못한 것'이 무엇일까? 마종하 시인은 '딸을 위한 시'에서 "착한 사람도, 공부 잘하는 사람도 다 말고 / 관찰 잘하는 사람이 되라고 / 겨울 창가의 양파는 어떻게 뿌리를 내리며 / 사람들은 언제 웃고 언제 우는지를 / 오늘은 학교에 가서 / 도시락을 안 싸온 아이가 누구인지 살펴서 / 함께 나누어먹기도 하라"고 했다. '관찰 잘하는 아이, 나눠먹는 아이'가 되길 원하면 아이와 함께 가까운 동네 둘레길이라도 자주 걸으면 된다.

경포호수는 벚꽃 구경 나온 사람으로 가득하다. 꽃길 따라 걷는 자 모두 꽃마음이다. "내가 그의 이름을 불러주었을 때, 그는 나에게로 와서 꽃이 되었다"고 했던 꽃 시인 김춘수가 생각난다. 시인은 가고 없어도, 시는 남아 가슴을 울린다. 최제무, 유연교 부부가 벚꽃 아래 다정하다. 포즈를 취해보라고 하자 최제무 얼굴이 붉어진다. 강릉 남자들은 무뚝뚝하지만 속정이 깊다.

허난설헌(1563-1589)기념관이다. 난설헌은 호요, 본명은 허초희다. 부친 허엽(1517-1580)과 둘째 부인 강릉김씨 사이에서 첫째 딸로 태어나, 부친의 권유로 동생 허균과 함께 손곡(蓀谷)이달(1539-1612)한테 시를 배웠다. 손곡은 부친 이수함(종3품)과 홍성관기 사이에서 서자(庶子)로 태어났다. 어머니가 천민 신분이라 과거를 볼 수 없었으나, 시문이 뛰어나서 최경창, 백광홍과 함께 삼당(三唐) 시인으로 불렸다. 시집으로 허균이 엮은 《손곡집》이 있다. 원주시 부론면에 호를 본뜬 손곡리가 있으며, 손곡 시비도 세워져 있다.

허난설헌은 여덟 살 때 '광한전백옥루상량문'이라는 시를 지어 천재 소리를 들었고, 열다섯 살 때 안동김씨 김성립(1562-1592)과 혼인하였다. 안동김씨 가문의 시집살이는 자유분방하게 자란 그에게는 감옥살이였다. 시어머니의 학대는 계속되었고, 신랑은 밖으로만 떠돌았다. 게다가 돌림병으로 두 아이를 잃었고 뱃속에 있던 아이마저 유산했다. 친정아버지 허엽과 믿고 의지했던 친정오빠 허봉마저 세상을 떠나자, 그는 슬픔과 울화를 시로 달래다가 스물일곱 살 꽃다운 나이에 단명하고 말았다. 경기도 광주시 초월읍 지월리 안동김씨 묘역에 돌림병으로 먼저 세상을 떠난 두 아이와 나란히 묻혀있다.

사후 그의 시는 대부분 불태워졌으나, 허균이 강릉 본가에 남겨둔 시와 암송하고 있는 시, 둘째 형 허봉 처소에서 나온 시, 어머니 강릉김씨와 스승이었던 손곡 이달이 가지고 있던 시 등 200여 편을 모아 《난설헌집》을 펴냈다. 1606년 명나라 사신 주지번에게 허균이 허난설헌의 시를 보여주자, 감탄한 주지번은 명나라로 돌아가 《난설헌집》을 출간하여 애송시가 되었다고 한다. 그 후 시집은 1711년 부산 동래를 출입하던 일본 무역상 부다이야기로 손에 들어가 일본판 《난설헌집》으로 다시 태어나게 되었다.

《난설헌집》

허난설헌은 시대 복도 없고, 신랑 복도 없고, 자식 복도 없었던 불운한 문학 천재였다. 시는 시인의 고통을 먹고 자라는 것일까? 허난설헌의 절절한 마음이 담겨있는 '감우(感遇)'를 감상해보자.

하늘거리는 창가의 난초 가지와 이파리 / 그렇게도 향기롭더니 / 가을바람 찬 서리 한 번 스치자 / 시들고 말았네 / 빼어난 그 모습은 이울어져도 / 맑은 향기만은 끝내 죽지 않아 / 그 모습 보며 내 마음 아파 / 눈물 흘려 옷소매를 적시네.

허난설헌기념관 마당에 아버지 허엽, 큰오빠 허성, 둘째 오빠 허봉, 동생 허균, 허난설헌 시비가 차례로 서 있다.

경포 가시연습지를 돌아 나오니 강문항 입구 진또배기 성황당이다.

성황당 건너편에 솟대 가로등이 서 있다. 솟대 위에 새 두 마리가 하늘을 쳐다보고 있다. 솟대는 경사가 있을 때 세우는 긴 대다. 삼한(三韓)시대 소도(蘇塗)에서 유래했다. 솟대는 '진또배기'다. '진또배기'는 긴 대나무를 땅에 박고 새 형상을 올려놓은 것이다. '긴대'가 '진대'로, '진대'가 '진또'가 되었다. '배기'는 '땅에 박혀있는 막대'다. 조상들은 새를 수호신으로 여겨 마을 신성

강문항 솟대 가로등과 바우길 로고

한 장소에 장대를 세우고 나무를 깎아 새를 만들었다. 솟대의 새는 오리이며, 기러기, 까치, 학, 봉황 등을 올리기도 한다.

강문항(江門港)이다. 강문은 경포호의 물이 바다로 흐르는 입구에 있는 작은 포구다. 경포 팔경 중에 강문어화(江門魚火)가 있다. 어부가 강문에서 불 밝히고 고기 잡는 모습을 뜻한다. 포구 입구에 이따금씩 들르곤 하던 '어화(漁火)'라는 횟집이 있다.

해송(海松) 숲길이다. 솔향기가 물씬 난다. 강릉은 '오향(五鄕)도시'다. 솔향(松鄕), 문향(文鄕), 예향(藝鄕), 수향(壽鄕), 선향(禪鄕)이다. 강릉문화원장 염돈호는 선향을 '효향(孝鄕)'이라 고쳐 부른다. 해송 숲길에 피톤치드가 날고 세로토닌이 샘솟는다. 홍천 선마을 촌장 겸 세로토닌 연구원장 이시형은 "따뜻한 햇볕을 받으며 심호흡을 하고 숲길을 걸으면 세로토닌이 샘솟는다"고 했다.

송정(松亭)휴게소다. 바다가 바라보이는 곳에 자리 잡은 널찍한 휴게소다. '5060 음악'이 흘러나온다. 송창식의 '왜 불러', 활주로의 '탈춤', 이범용 · 한명운의 '꿈의 대화'가 이어진다. 80년대를 주름잡던 추억의 명곡이다. 노래는 추억을 불러오고, 고단한 일상에 위안이 된다.

안목항(安木港)이다. 안목항은 조선 후기까지 견조도(堅鳥島)로 불리는 섬이었다. 안목은 마을 앞에 있는 길목을 뜻하는 '앞목'이었는데, 변음되어 '안목'이 되었다. 2008년 5월 강릉항으로 바뀌었지만 강릉 사람들은 여전히 안목항으로 부른다. 나도 '안목항'이 좋다.

안목항은 '커피거리'로 유명하다. 어쩌다가 강릉이 '커피 도시'가 되었을까? 테라로사(TERAROSA) 대표 김용덕과 보헤미안(BOHEMIAN) 대표 박이추의 공을 빼놓을 수 없다.

'바닷가 우체국'과 '이등병 편지'가 생각난다.

테라로사 본점

김용덕은 동해에서 태어나 고교 졸업 후 은행에 들어가 21년을 다녔다. 1998년 IMF 사태 때 명퇴 후 돈가스 집, 와인점을 거쳐 2002년 강릉시 구정면 학산리에 커피를 공급하는 로스팅(Roasting)공장을 열었다. 지금은 직영점 14곳, 직원 200명, 연 매출액 300억 원 규모의 중견기업으로 성장했다. 테라로사는 '붉은 땅', '희망이 있는 땅'이라는 뜻이다. 그는 2017년 5월 〈이코노미조선〉과의 인터뷰에서 "먹고 마시는 산업은 한 번 자리를 잡으면 오래간다. 강원도에 애착을 갖고 있다. 우리 제품은 '메이드 인 코리아'가 아니라 '메이드 인 강릉'이다. 사원은 모두 정규직이며, 신입사원 교육은 1년이다. 막내의 품질이 우리의 품질이다. 커피를 내린 사람이 막내라서 커피 품질이 별로라는 핑계는 용납할 수 없다. 슬로건은 '빅 컴퍼니'가 아니라 '굿 컴퍼니(Good Company)'다. 커피를 배우다 보니 자연스레 유럽을 비롯한 세계 문명사를 공부하게 되었다. 지도자가 어디를 바라보느냐가 국가를 만드는 기틀이 된다. 커피 산업이 어떻게 하면 국가경쟁력이 될까 이런 숙제를 안고 커피사업을 하게 되었다"고 했다.

테라로사는 2010년부터 우체국 택배로 주문 상품을 보내기 시작했다. 강릉우체국 윤상규는 "테라로사 직원들은 회사에 대한 긍지와 자부심이 대단하다. 포장 요원부터 바리스타까지 모두 정규직이고 한 번 들어오면 퇴사하는 직원이 거의 없다"고 했다.

박이추는 1949년 일본 규슈에서 태어났다. 협동농장을 꿈꾸며 1970년 초 한국으로 건너와 강원도와 경기도 일대에서 젖소를 키우며 살았다. 시골 생활에 염증을 느끼고 다시 일본으로 건너가 커피 회사와 차 학원에 다니다가, 일본 커피연구소장 가라사와를 만났다. 1988년 서울 혜화동과 안암동 고려대 앞에 '가배 보헤미안'을 열고 원두커피 보급에 나섰다. 2004년 강릉으로 내려와 사천에 본점을 차렸다. 현재 강릉시내 2곳과 서울 상암동 모 방송국 건물에 분점을 운영하고 있다.

보헤미안은 '방랑자'다. 체코의 보헤미아 지방에 유랑민족인 집시가 많이 살고 있다고 15세기 프랑스인들은 '보엠(Boheme)'이라 불렀는데 1848년 작가 사카레가 그의 작품에서 영어 '보헤미안'으로 바꿔 불러 일반화되었다고 한다.

박이추는 2017년 4월 〈월간 샘터〉와의 인터뷰에서 이렇게 말했다.

"커피 본연의 맛에 가까운 게 원두커피잖아요. 커피를 알고 싶어 하는 사람이 많아진 것은 반갑지만 너무 기술적인 것에만 치중하는 게 아닌가 싶어요. 요즘 사람들은 대부분 장사에만 염두를 두고 배우려고 해요. 돈벌이를 염두에 두면 커피 본연의 의미를 변질시킬 수 있어 걱정스럽습니다. 커피는 함부로 가르쳐주면 거짓말이 되기 쉬워요. 기술만 가르쳐서는 커피에 담긴 삶의 철학이나 참된 휴식의 의미를 제대로 전하기 어렵습니다."

커피 고수의 말을 한 번쯤 되새겨 봤으면 좋겠다. 무슨 일을 하든지 '업의 본질'에 충실해야 한다. 본질을 제쳐두고 마케팅과 기교에만 집중하면 오래 가지 못한다. 고수는 기업의 사회적 가치와 의미, 운영 철학과 존재 이유까지 생각한다. 한국인으로 귀화한 호사카 유지 교수는 이렇게 말했다. "세상에는 이치가 있지만, 이치 밖에 있는 이치도 있다."

죽도봉(竹島峰)이다. 일명 '견조봉(堅造峰)'이다. 안목항 옛 지명이 견조도다. 죽도봉 일대는 염전 지역이었고, 성황당도 있었다고 하는데 흔적조차 없다. 죽도봉에 오른다. 대숲이 울창하다. 편한 길을 놔두고 경사진 계단을 오른다고 수군거린다. 그러거나 말거나 다 때가 있다. 언제 다시 오겠는가? 하고 싶으면 지금 해야 한다. 내일은 없다.

솔바람 다리

죽도봉을 내려오니 솔바람 다리다. 다리 밑에서 강물과 바닷물이 뒤섞인다. 그물 던지는 자가 있다. 숭어가 올라온다고 했다. 정약전은 《자산어보》에서 "숭어는 몸이 둥글고 검으며, 눈은 작고 노랗다. 의심이 많아 피할 때 재빠르다. 작은 것은 등기리(登其里), 어린 것은 모치(毛峙)다. 맛이 좋아 물고기 중의 제일이다"고 했다. 강릉우체국 김민회가 토요일마다 이곳에서 그물을 던진다는 얘기를 듣고 둘러보았으나 보이지 않는다. 사람들은 김민회가 물고기를 잡아서 식당에도 갖다 주고 동료들과 회식도 자주한다고 했다. 하수는 어디 가서 뭘 잡았다고 사진을 보여주며 자랑만 잔뜩 늘어놓지만, 고수는 이렇게 소리 없이 나눠먹을 줄 안다.

남항진(南港津)이다. 바닷길, 꽃길, 호수길, 해송 숲길, 길이란 길은 모두 지나왔다. 그야말로 '수지맞는 장사'였다. 실컷 걷고, 실컷 보고, 실컷 떠들었으니 더 이상 바랄 게 없다. 이제 실컷 먹는 일만 남았다. 막국수와 회덮밥을 놓고 고민하다가 회덮밥을 택했다. "We are our choice(우리가 한 결정이 바로 우리 자신이다)." 철학자 샤르트르의 말이다.

후기

답사가 끝나고 유연교가 "신랑(최제무)이 가져온 답사기를 읽으며, 마치 내가 길을 같이 걷는 것처럼 느껴져 친구한테 자랑했고, 꼭 한 번 참가해보고 싶었다"고 했다. 부끄럽고 아득했다. "좋은 글을 쓰려하기보다 먼저 좋은 사람이 되어야 한다"는 말이 떠올랐다. 내가 생각하는 나와 남이 생각하는 나는 다르다. 그래서 글쓰기는 언제나 두렵고 조심스럽다.

※ 2020년 4월 5일 문재인 대통령은 식목일과 동해안 산불발생 1주년을 맞아 산불피해지역인 강릉시 옥계면 천남리를 방문하여 산불 당시 가스통 폭발 위험이 있음에도 불구하고, 민가에 뛰어들어 80대 치매 어르신을 구한 강릉소방서 119구조대장(장충렬)과 살수차로 동물원의 불을 꺼 1천여 마리의 동물을 구조한 강릉시 축산계장(최두순) 등 공무원과 지역주민을 격려하고 금강소나무를 심었다.

Baugil Course

17.3km

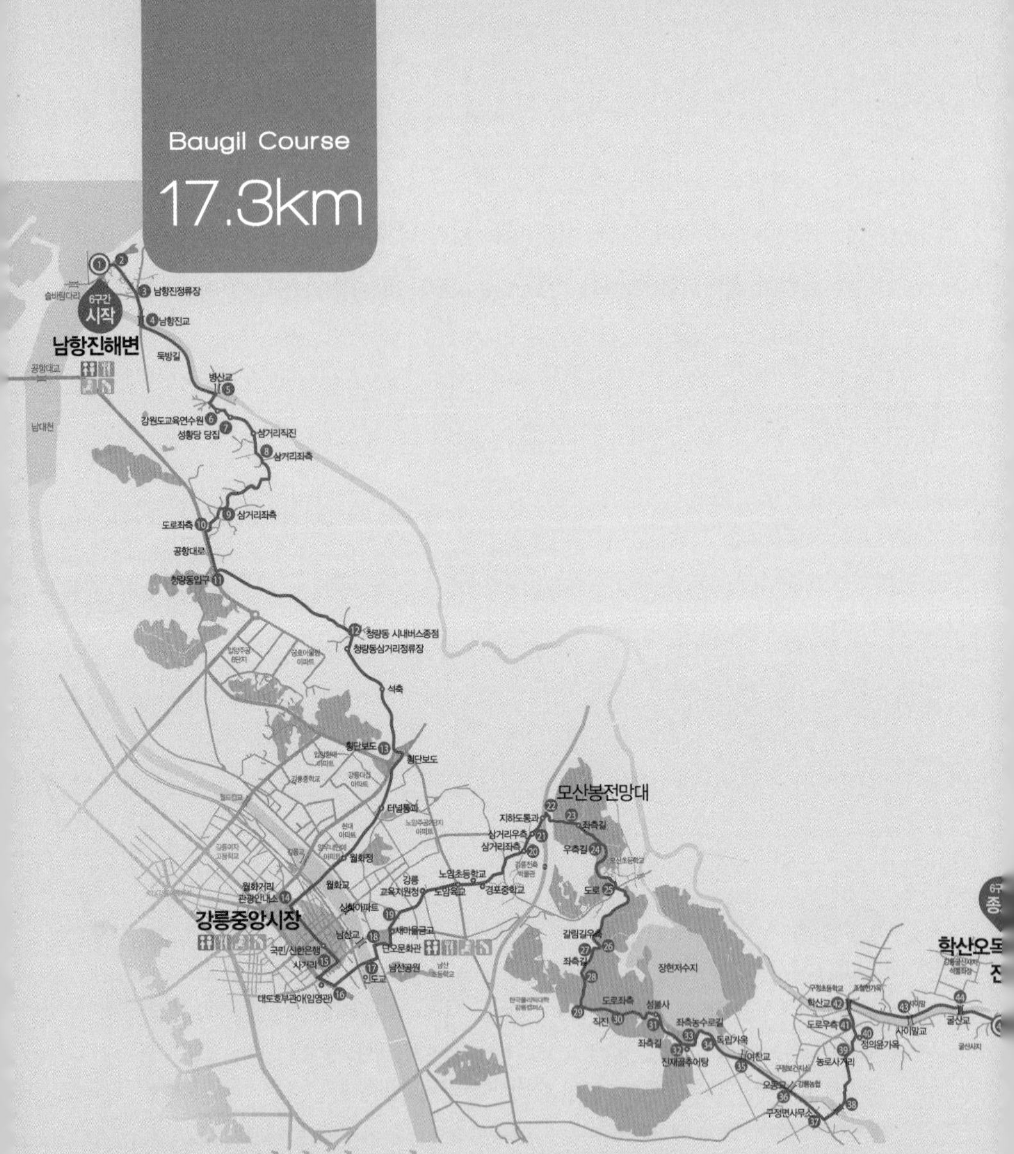

6구간_굴산사 가는 길

예부터 '동대문 밖 강릉'이라고 했습니다. 동대문 밖을 나가서는 강릉이 가장 살기 좋다는 뜻인데, 강릉은 삶과 문화와 예술이 함께 어우러진 도시입니다. 강릉단오제는 유네스코가 선정한 인류문화유산으로 천년의 향기가 깃든 축제 한마당입니다. 남항진 바닷가에서 출발하여 먹거리가 풍부한 강릉중앙시장을 거쳐 강릉 단오의 주신 범일국사가 태어난 학산마을의 굴산사까지 역사와 문화가 함께 하는 길입니다

살아 학산, 죽어 왕산

남항진 누렁이

길에는 주인이 없다. 길은 걷는 사람이 주인이다. 꼬마가 걸으면 꼬마가 주인이고, 청년이 걸으면 청년이 주인이다. 길은 날씨 따라 다르고, 걷는 사람 따라 다르다. 꽃피는 봄길과 함박눈 쏟아지는 겨울 길이 다르고, 홀로 걸을 때와 여럿이 함께 걸을 때가 다르다. 길 떠날 때 설렘으로 들떠 있는 자가 있는가 하면, 딱딱하게 굳어있는 자도 있다. 길은 이런 자나 저런 자나 모두 품어준다. 앞만 보고 한 발 한 발 걷다 보면 몸도 풀리고 마음도 풀린다. 남항진 해변에 누렁이 한 마리가 배를 죽 깔고 엎드려 있다. 고즈넉한 해변 풍경과 어울려 인공의 잡티가 섞이지 않은, 자연스러운 모델의 전범(典範)을 보여준다.

6구간은 남항진에서 월화교를 지나고, 모산봉 넘어, 오뚝떼기 전수관에 이

르는 17.3km 길이다. 강릉의 속살을 찬찬히 들여다 볼 수 있는 좋은 기회다. 단오제가 열리는 남대천, 무월랑과 연화낭자의 애틋하고 풋풋한 사랑 이야기가 전해지는 월화정, 서민들의 애환이 배어 있는 노암동 골목, 인재가 많이 난다는 학산리 등 발길 닿는 곳마다 이야깃거리로 풍성하다.

박말숙, 오향숙, 임서정, 김태희, 이현태가 새로 왔다. 박말숙은 "초등학교 소풍 가는 날처럼 설레어서 잠을 설쳤다"고 했다. 설렘은 청춘의 특권이다. 청춘으로 살려면 가슴 설레는 일을 만들어야 한다. 남항진에는 공군 제18전투비행단이 있다. 모래사장이 철조망에 가로 막혀 비행장을 에둘러 둑방길을 지난다. 이현태가 앞장섰다. 그는 이 지역 담당 집배원이다. 주문진 무다리 사람이다. 키가 크고 과묵하다. 의무경찰로 방범 순찰대에서 근무했다. 둑 건너편에서 중장비로 모래를 거르고 있다. "저기 보이는 게 규사 공장입니다. 모래질이 전국에서 가장 좋다고 소문이 나서 수출을 많이 한다고 합니다." 길 위에선 아는 자가 스승이다. 규사는 암석이 풍화, 침식, 퇴적되는 과정에서 생긴 모래알갱이다. 유리제품, 내화벽돌, 전기절연, 보온, 보냉 등 유리 섬유 원료로 쓰이고 있다.

옛 병산초등학교를 지난다. 전영재는 "건물 뒤에 큰아버지 집이 있습니다. 올해 아흔 살입니다. 어릴 때 아버지(83) 손을 잡고 제사지내러 오던 기억이 납니다"라고 했다. 바우길은 잠들어 있던 기억을 불러 오는 추억의 마법사다. 이현태가 말했다. "이곳은 시내 같은 시외 집배구입니다. 배달물량이 많아 잠깐 밥 먹을 때 빼고는, 하루 종일 뛰어다녀도 해 떨어질 때쯤 돼야 끝납니다. 시내에서 이사 오는 집이 늘고 있습니다." 현장에서 집배원의 고충을 듣다 보면, 숫자와 글로 이해할 수 없었던 부분이 가슴에 와 닿는다. 그들은 당장 어떻게 해 달라는 게 아니다. 현장에 나와서 들어주기만 해도 속상했던 응어리가 조금은 풀리지 않겠는가?

학동(鶴洞)이다. 예전에는 학이 많아서 '학마을'로 불렸지만 이제는 학 대신 전투기가 뜨고 내린다. 노란 들꽃이 피었다. '애기똥풀'이다. 이 얼마나 살갑고 정겨운 이름인가. 아기 똥 모양이 그려지고 풋풋한 똥 냄새가 나는 것 같지 않은가?

김광진이 새까만 '라이방'을 썼다. 일명 '임종석 라이방'이다. 임종석은 전 청와대 비서실장이다. 그는 최전방 GOP 방문 때 눈이 부셔 '라이방'을 썼는데, 별을 거느리며 '가오'를 잡았다고(?) 비판받았다. 같은 '라이방'도 누가, 언제, 어느 곳에서 쓰느냐에 따라 다르다. 인천상륙작전 총지휘관 맥아더 장군의 '라이방'과 5 · 16 군사혁명 주역 박정희 대통령의 '라이방'을 보라. 남자는 '가오'에 죽고 '가오'에 산다. 영화(베테랑)에도 "우리가 돈이 없지, 가오가 없냐?"라는 말이 나온다.

청량동(淸凉洞) 소나무 숲길이다. 지명처럼 공기가 맑고 선선하다. 잡념이 사라지고 호흡이 가벼워진다. 숲에만 들면 기분이 좋아진다.

'세로토닌 효과'다. 세로토닌은 뇌 기능을 총괄하는 삼도수군 통제사다. 솔잎 향을 맡으며 달달한 휴식이다. 김태희와 이동준이 딸기와 찹쌀떡을 내놓는다. 떡도 먹어본 사람이 더 먹고, 음식도 나눠본 사람이 더 나눈다. 베푸는 사람이 부자다. 출발하는 기차에 오르면서 신발 한 쪽이 벗겨지자, 플랫폼에 남은 신발 한 쪽마저 던져놓고 떠나는 영화 '간디'의 한 장면이 떠오른다.

김태희와 이동준이 다가온다. 김태희는 조곤조곤하고 고요하다. 그는 바우길에 오려고 날마다 5km를 걸었다고 했다. 이동준은 백두대간에 함께했던 후배다. 자칭 '진부 촌놈'이라고 하는데, 내가 보기엔 겉만 아니라 속도 촌놈이다. 군대도 특공연대를 나왔다. 사는 것도 특공처럼 산다.

청량동과 노암동, 월화교를 잇는 옛 철길에 데크 설치 공사가 한창이다. 굴을 지나가지 못하고(이후 굴이 개통되어 곧바로 월화교로 연결되었다) 언덕

소나무와 대나무가 어우러진 숲길

으로 올라갔다. 언덕에서 노암동을 바라보며 홍동호가 말했다. "산 아래 마을에서 10년을 살았어요. 여기에서 고등학교 1학년까지 다니고 이사했습니다. 옛날 생각이 나네요." 그는 어릴 때 교통사고로 머리를 크게 다쳐 병역면제를 받았다. 그는 우스갯소리로 '나는 신의 아들'이라고 했다. 노암동엔 홍동호의 애틋했던 사춘기 시절이 고스란히 남아있다.

월화정(月花亭)이다. 월화정은 1930년 남대천 북쪽 철길 위에 2층 누각으로 건립하였으나, 1936년 병자년 대홍수와 1940년 동해북부선 철로 공사로 철거되었다. 1941년 성산면 명주성에 재건립하였으나, 한국전쟁을 거치면서 훼손되어 2004년 현재 자리로 옮겼다. 무월랑과 연화낭자의 애절하고 풋풋한 사연이 전해진다.

신라의 수도 경주에서 벼슬하던 무월랑이 명주성(강릉)으로 부임하여, 남대천을 돌아보던 중 잉어에게 먹이를 주고 있는 연화낭자를 보고 모습에 홀딱 반했다.

두 사람은 점점 가까워져 꿈같은 시간을 보내게 되지만, 얼마 후 무월랑은 경주로 가게 되어 헤어지게 되었다. 무월랑과 오랫동안 소식이 끊기자, 연화낭자 집에서는 다른 청년과 혼담이 오가게 되었다. 속이 탄 연화낭자는 무월랑에게 편지를 써서 키우던 잉어에게 주고 경주로 가서 무월랑에게 소식을 전해 달라고 부탁했다. 잉어는 편지를 가지고 경주까지 갔으나, 무월랑을 만나기 전에 어부에게 잡히고 말았다. 다행히 잉어는 무월랑 어머니에게 팔렸다. 무월랑 어머니가 잉어의 배를 가르자, 뱃속에서 연화낭자 편지가 나왔다. 깜짝 놀란 무월랑은 편지를 들고 명주성으로 달려와서 연화낭자 부모를 찾아뵙고 혼인을 허락받았다. 무월랑과 연화낭자 사이에서 태어난 아들은 후일 명주군 왕이 되었다.

설화는 상상력의 보고(寶庫)다. 잉어를 '사랑의 전령사'로 등장시켰던 조상들의 유머와 상상력이 놀랍다. 카톡으로 사랑을 고백하고, 청첩장을 보내는 세상이다. 김홍신은 《하루살이 설명서》에서 "편리한 건 디지털이지만 행복한 건 아날로그"라고 했다. 정성을 담아 꾹꾹 눌러 쓴 손편지는 감동과 울림을 준다. 세상이 변해도 디지털은 아날로그 감성을 따라가지 못한다.

월화교(月花橋)다. 노암동과 중앙시장을 이어 주는 다리다. 도심을 지나던 철길이 도보다리로 바뀌었다. 다리 중간에 투명 강화 유리가 설치되어 물길을 내려다볼 수 있고, 발밑에서 물고기가 움직이는 모습도 볼 수 있다. 강릉 우체국 최수정은 "우리 오빠가 설계한 다리"라고 자랑스러워했다.

멀리 대관령과 선자령을 잇는 마루금에 하얀 풍차가 선명하다.

박말숙과 오향숙은 이곳이 처음이라고 했다. 오향숙은 소녀처럼 깨금발을 뛰며 좋아했다. 사람들은 내가 사는 곳엔 관심이 없고 밖으로만 눈을 돌린다. 남의 떡이 커 보인다. 알고 보면 발밑에 보물이 묻혀 있다. 길을 걸으며 깨닫

월화교에서 바라본 남대천과 대관령

는 건, 소중한 것은 가까이 있다는 것이다. 집이 그렇고, 가족이 그렇고, 직장이 그렇다.

해마다 강릉단오제가 열리는 남대천이다. 단오(음력 5월 5일)는 연중 양기(陽氣)가 가장 왕성한 날로 수릿날, 천중절(天中節)이라고도 한다. 단오 세시 풍속으로 씨름, 그네뛰기, 창포물에 머리감기, 익모초와 쑥 뜯기, 밀국수, 쑥떡, 수리떡 먹기 등이 있다.

중국 3세기 문헌 《삼국지위서동이전(三國志魏書東夷傳)》에는 "동예(東濊)에는 천신에게 제사하고 남녀가 모여 술마시고 춤추는 무천(舞天)이라는 축제가 있었다"고 했다. 《고려사열전(高麗史列傳)》 왕순식조에는 "태조 왕건을 도와 전쟁을 승리로 이끌어준 대관령 산신령(김유신 장군)에게 왕순식이 제사를 지냈다"고 했다. 허균도 《성소부부고(惺所覆瓿藁)》에서 "1603년 단오를 맞아 대관령 산신에게 제사 지냈다"고 했다.

단오제는 1967년 1월 16일 '국가무형문화재 제13호'로 지정되었고, 2005년 11월 25일 '유네스코 인류무형문화유산'으로 선정되었다. 단오제는 굿과 제례, 놀이(관노가면극, 官奴假面劇), 난전(亂廛)으로 나뉜다. 진행 순서를 살펴보자.

첫째, 신주(神酒) 빚기다. 음력 4월 5일 옛 관청이었던 칠사당(七事堂)에서, 강릉시장이 내린 쌀과 누룩으로 신주를 담근다. 칠사당 마루에서 부정(不淨)을 씻는 부정굿을 하면 집사(執事)들은 부정을 타지 않기 위해 한지로 입을 막고 술밥과 누룩 솔잎을 정성스럽게 버무려 술독에 넣고, 정화수를 붓고, 한지로 덮는다.

둘째, 산신제와 국사성황제다. 음력 4월 15일 대관령 국사성황당에서 산신제와 국사성황제를 지낸 후 국사성황신을 모시고 강릉시 홍제동에 있는 국사여성황사로 모셔온다. 모셔오는 과정에서 구산 서낭당과 학산 서낭당에 들러 제를 지낸다. 대관령 산신은 신라통일 주역 김유신 장군이며, 국사성황신은 선종(禪宗) 사굴산문을 연 범일국사다.

셋째, 대관령 국사여성황사 봉안제(奉安祭)다. 대관령에서 모셔온 국사 성황신과 국사 여 성황신의 위패와 신목을 모시고 유교식으로 제사 지낸 다음, 무당패가 부정굿과 서낭굿을 한다. 대관령 국사 여 성황신은 조선 숙종 때 강릉에 살던 정씨가문의 처녀로, 국사성황신이 호랑이를 사자로 삼고 처녀를 데려와 아내로 삼았다고 한다. 호랑이가 처녀를 업고 와서 혼배한 날이 음력 4월 15일이다. 해마다 이날 두 분을 국사여성황사에 합사하여 제사 지내고 있다.

넷째, 영신제(迎神祭)와 영신행차다. 음력 5월 3일 홍제동 국사여성황사에 있던, 국사성황신과 여 성황신 위패와 신목을 남대천에 설치된 굿당으로 모시고 와서, 무녀가 환영 춤을 춘다. 이후 5일 동안 단오 제단을 중심으로 시내 일원에서 축제 마당이 펼쳐진다.

다섯째, 조전제(朝奠祭)다. 단오제 기간 중 제단에서 아침마다 국사성황신에게 시민의 안녕과 건강을 비는 제사를 지낸다. 제관은 주요 기관장과 사회단체장이다.

여섯째 단오굿이다. 조전제가 끝난 후 시작되어 매일 저녁 늦게까지 계속된다. 굿은 인간의 생각을 신에게 전달하는 제의로 신목과 위패가 모셔진 굿당에서 진행된다. 단오굿은 30여 거리(개)이며 풍농풍어(豊農豊魚)와 영동지방의 안녕을 기원한다. 대를 이어 내려오는 세습 무녀(巫女)가 국사성황신위와 신목(神木)을 모시고 닷새 동안 굿을 한다.

일곱째, 송신제(送神祭)다. 음력 5월 7일 제례와 단오굿을 마친 후 국사성황신은 대관령 국사성황당으로, 국사 여 성황신은 홍제동 국사여성황사로 다시 모시는 제례를 올린다. 제례와 굿에 사용한 신목과 등, 용선, 신위를 불태우는 소제를 끝으로 단오 행사는 마무리된다.

축제장을 지나 굴다리를 빠져나가자 노암동 골목길이 나타난다. 박석균은 "이 동네는 주로 없는 사람들이 모여 살던 서민동네"라고 했다. 노암초등학교 옆 문방구에 '점포정리 50% 세일, 4절, 5절, 8절, 스케치북, 실내화, 체육복' 안내문이 붙어 있다. 경기 불황으로 문 닫는 가게가 늘고 있다. 시대의 흐름을 읽고 미리 준비해야 살아남는다. 아프지만 이것이 현실이다.

노암초등학교 정문과 문방구 가게 점포정리 안내문

노암초등학교와 경포중학교다. 옛 강릉고등학교와 강릉여자중학교 자리다. 강릉고와 강릉여중, 뭔가 얘깃거리가 있을 법하지 않은가? 박석균은 "강릉여중 학생들이 쉬는 시간만 되면 밖으로 나와 강릉고 오빠들 쪽으로 거울을 비춰 공부를 방해하곤 했다. 그래서 학교를 시내로 옮기게 되었다"는 말이 있다고 했다. 지어낸 이야기도 시간이 지나면 전설이 된다. 박석균 아들은 서울대를 졸업하고, 얼마 전 전자공학 박사학위를 받았다. 출신 고등학교 입구에 현수막이 붙었다.

모산봉(母山峰) 오름길이다. 산길을 오르니 숨소리가 거칠다. 김현과 임서정이 힘들다. 김현이 "더 이상 못 가겠다"고 주저앉았다. 김성호가 손을 잡아주자 다시 일어난다. 힘들 땐 힘들다고 말을 해야 한다. 말을 안 하면 남이 내 속을 어떻게 알겠는가? 도움을 청하는 것도 때로는 용기다. 모산봉 정상이다. 모산봉은 강릉의 안산(案山)이다. 강릉부사 집무실인 칠사당(七事堂) 남쪽에 있는 작은 봉우리다. 산 모양이 마치 엄마가 아기를 업고 있는 형상이라고 '모산', 밥그릇을 엎어놓은 것 같다고 '밥봉', 볏짚을 쌓아 놓은 것 같다고 '노적봉', 인재가 많이 난다고 '문필봉'으로 불린다. 생각해보라. 얼마나 배가 고팠으면 산봉우리가 밥그릇으로 보였겠는가?

모산봉에는 아픈 사연이 있다.

조선 중종 3년(1508년) 강릉부사 한급(韓汲)이 대관령에서 강릉 시내를 내려다보니, 옥거리(현 옥천동)에 육조(六曹)가 앉아있는 형상이었다. 권문세족(權門世族)도 많아서 마음대로 다스릴 수 없게 되자, 산마다 혈을 막고, 경포대를 방해정 뒤로 옮겼으며, 모산봉을 3자 3치(약 1m)가량 깎아내려 권문세족의 위세를 꺾고, 인재가 나지 못하게 하였다. 이후 2005년 강남동 주민과 학생, 군 장병 등 1,200여 명이 힘을 모아 15톤 트럭 10여 대 분량의 흙을 산꼭대기까지 올려 옛 높이(105m)로 복원하였다고 한다.

※ 방해정은 경포호수 북쪽에 있는 조선 후기의 누각이다. 철종 10년(1859) 통천군수 이봉구(李鳳九)가 선교장 부속 건물로 지어 만년(晩年)을 보냈고, 1940년 증손 이근우가 고쳐지었다. 1976년 6월 17일 강원도 유형문화재 제50호로 지정되었다.

장현저수지다. 물빛이 찰랑찰랑 눈부시다. 낚시꾼이 앉아있다. 낚시꾼은 '손맛'에 한 번 빠지면, 헤어 나오지 못한다고 한다. 남자들은 도박이든 운동이든 어디에 한 번 빠지면, 사달이 나야 멈춘다. 사달이 나기 전에 멈출 줄 아는 자가 지혜로운 자다.

구정 삼거리다. 박말숙이 안내를 맡았다. 구정에서 태어나, 구정에서 학교

를 다녔고, 지금도 구정에서 살고 있는 구정 토박이다. "예전엔 사람들이 단체로 배낭을 메고 걸어가는 걸 보면, '별로 볼 것도 없는데 어디를 저렇게 가는 거지?'라고 하며 무심코 넘겼는데, 이제 보니 바우길 걷는 사람들이었다. 알면 보인다는 말이 딱 맞는 말이다"고 했다. 그는 학산 가는 숲길을 걸어가며 "이 길은 내가 초등학교 다닐 때 걸어 다니던 길이다. 풀꽃이나 나무 한 그루도 내 눈길이 닿지 않은 곳이 없다"고 했다. 이어서 "예전에는 먹을 게 없어서 이맘때는 찔레 순을 따 먹었다"고 하며 찔레 순을 따서 건네준다. 찔레 안에 봄내음이 들어 있다. 상큼하고 쌉싸래한 맛이 느껴진다.

고개를 넘자 구정면 학산리(鶴山里)다. 박석균이 안내를 맡았다. "강릉 사람들은 '살아 학산, 죽어 왕산'이라고 합니다. 그만큼 학산이 살기 좋다는 것이지요. 예로부터 학산에는 인물이 많이 나왔어요. 전 부총리 조순 생가도 이곳에 있고, 교수나 변호사도 많이 나왔습니다. 조금 가다 보면 고시원도 있어요. 고시원은 늘 만실이라고 합니다." 시골구석까지 공무원시험 전문학원이 자리잡고 있다.

오찬호는 〈JTBC〉 '대화의 희열'에서 "한국에서 9급 공무원시험이 없었다면 아마 혁명이 일어났을 것이다. 그나마 공무원시험은 사람을 차별하지 않고 공정하다"고 했다. 작가 장강명도 《당선, 합격, 계급》에서 "입사시험 문제는 다분히 근거 없는 가정에 기초해서 설계된 것이 많고, 어떤 지적능력은 지필고사나 면접으로는 결코 파악할 수가 없다. 어쩌면 사람의 잠재력을 평가할 수 있다는 믿음 자체가 환상인지도 모른다. 공모전과 공채는 젊은이들의 가능성과 도전을 봉쇄한다. 다른 길로는 성공하기 힘드니, 당연하게도 많은 젊은이들이 공모전과 공채에 온힘을 쏟게 된다. 어떤 이들은 합격할 때까지 몇 년이고 낭인 생활을 감수한다"고 했다. 그러면 어쩌라고? 대안 없는 비판은 그냥 비판일 뿐이다. 당장 눈앞의 현실을 헤쳐 나가야 하는 젊은이에게 이런 말이 얼마나 설득력이 있겠는가? 삶은 각자의 몫이다. 고시원에서 불면의 밤을 보내고 있는 청춘들에게 머지않아 합격의 영광이 있기를 빈다.

학산 들녘은 막 패기 시작한 파릇파릇한 보리이삭으로 출렁인다. 고택(古宅)이 나타난다. 만성(晩惺) 고택이다. 안채는 고종 31년(1894)에 지었고, 사랑채는 1915년에 지었다. 대문간 채는 한국전쟁 때 불타 없어졌다가 2005년 복원되었다. 고택은 흙과 돌로 된 담장에 둘러 싸여 있다. 안채에 사람이 살고 있다. 고택을 보존하는 가장 좋은 방법은 사람이 살게 하는 것이다.

조순 생가와 비석

만성 고택 가까이 전 부총리 조순 생가가 있다. 조순은 서울대 경제학 교수, 한국은행장, 초대 민선 서울시장, 경제부총리 등을 역임한 학자이자 정치인이다. 생가 앞에 친필로 새긴 '준도행기 봉천수명(遵道行己 奉天受命)' 비석이 세워져 있다. 마을 주민들이 건립과정을 돌에 새겼다.

2002년 8월 태풍 루사 때 학산 마을에 890mm 폭우가 쏟아져 많은 가옥과 전답이 유실되었다. 당시 국회의원이었던 조순은 보좌관 최무길을 시켜 학산 85번지에 있던 개인 임야의 흙을 파서 마을 복구에 쓰도록 했다. 그런데 흙을 파는 과정에서 직경 5m 둥근 반석 1개와 길이 3.8m 되는 바위 1개가 나왔다. 최무길의 꿈에 조순이 나타나 "평상시와 같이 채토장에 가서 바위를 잘 정돈하라"고 했다. 다음날 채토장에 가보니 긴 바위가 칼로 자른 듯이 반으로 쪼개져 있었다. 최무길은 꿈을 생각하며 반으로 쪼개진 바위 하나는 너래 방석을 만들고, 하나는 조순의 친필 휘호를 새겨 생가 앞에 세워두게 되었다.

조순은 2014년 8월 네이버캐스트 '우리시대의 멘토'에서 정치에 발을 들여놓았던 시절을 이렇게 회고했다. "정말 순진했다. 정치는 '사람 장사'다. 사람들에게 자신의 능력과 소질을 알려서 믿음을 주고 사람들의 마음에 감동을 전하고 호응을 이끌어낼 수 있어야 한다. 나는 그런 능력이 부족했다. 나에게 맞는 직업은 학자다. 사람에겐 스스로의 힘으로 어찌할 수 없는 운명이 있다." 타고난 학자였던 조순도 정치 유혹을 물리칠 수 없었다. 그는 실패로 끝난 정치인 시절을 회상하며 "후회하지 않는다"고 했다. 조순에게 정치는 어울리지 않는 옷이었다. 어느 한 분야에서 전문가 소리를 듣던 사람이 어느 날 갑자기 정치판에 뛰어들었다가 망가지는 것을 봤다. 남의 떡이 커 보인다. 사람마다 자기한테 맞는 옷이 있고 자기만의 길이 있다.

오독떼기 전수관이다. '오독떼기'는 논에서 김을 매며 부르는 토속 민요다. 《조선왕조실록》에 강릉지방 농사민요에 관한 기록이 나온다.

"세조 12년(1466) 윤 3월 임금이 동해안을 순행(巡行)하던 중 14일 밤, 연곡(連谷)에 머물면서 농가를 잘 부르는 자를 모아 장막 안에서 노래하게 하였고, 임금이 노래 잘한 사람을 뽑아 수레를 따르게 하였다."

오독떼기는 한없이 느린 곡조에 끊어질 듯 말 듯 이어지며 4마디가 1행을 이룬다. 부르는 지역에 따라 냇골(內谷 : 내곡동, 학산리) 오독떼기, 수남(水南 : 어단리, 금광리) 오독떼기, 하평(下平 : 사천 하평리) 오독떼기로 나뉜다.

1988년 5월 18일 강원도 무형문화재 제5호로 지정되었다.

"강릉이라 경포대는 관동팔경 제일일세 / 팔세 마라, 팔세 마라 농부라고 팔세 마라 / 너로 하여 병든 몸이 인삼녹용 소용 있나 / 머리 좋고 실한 처녀 줄뽕낭게 걸어앉네 / 앞뜰에는 오독떼기 뒤뜰에는 잡가로다 / 이슬아침 만난 동무, 서경천에 이별일세 / 해는 지고 저문 날에 어린 선비 울고 가네."

노동요는 막걸리와 함께 농부들의 고달픈 심신을 달래 주는 피로회복제였다. 노래 안에 풍자와 해학이 들어있다. 요즘은 노동요가 뽕짝이나 트롯으로 바뀌고 노래 부르는 곳도 노래방으로 바뀌었다. 농사일은 여전히 고달프다. 우리는 일하는 법만 배웠지, 노는 법과 쉬는 법은 배우지 못했다. 나는 바우길을 걸으면서 뒤늦게 놀고 쉬는 법을 배웠다.

다들 얼굴이 달덩이다. 잘 웃지 않던 자도 싱글벙글 웃고 있다. 바우길 효과다. 자연 속에서 함께 걸으며 가벼워진 것이다. 강릉 삼교리 동치미 막국수다. 막국수가 나오기 전에 메밀전과 수육, 두릅이 나왔다. 진수성찬이다. 오향숙과 박말숙이 준비했다. 전혀 몰랐다. 깜짝 놀랐다. 음식은 맛도 맛이지만, 누

구하고 언제 어느 곳에서 먹느냐도 중요하다. 바우길은 걷는 재미만 아니라, 먹는 재미도 쏠쏠하다. 세상살이가 팍팍하다 해도 강원도에는 아직 이런 인심이 남아있다.

후 기

강릉우체국 이명호, 권민철, 고동석이 승용차를 가지고 왔다. 이명호는 집배현장에서 궂은 일이 생기면 가장 먼저 달려가는 '집배 119 센터장'이다. 그는 "납사 기를 빼놓지 않고 읽으며 마음으로 걷고 있다"고 했다. 권민철은 장교 출신 새내기 집배원이다. 그는 "머리로 아는 것과 몸으로 하는 일이 어떻게 다른지 체험하고 있다"고 했다. 고동석은 물류캠프에서 집배를 지원하는 헌신남이다. 살아간다는 건 이렇게 서로서로 도움을 주고받는 일이다.

며칠 후 박말숙과 오향숙이 답장을 보내왔다. 박말숙은 "계절의 여왕다운 아름다운 보행이었다. 걷기의 매력에 쏙 빠졌던 하루였다. 살면서 느껴보지 못하고 스쳐지나갔던 것들이, 걸어야 비로소 볼 수 있는 것들이 얼마나 많고 소중한지 알게 되었던 시간이었다"고 했다. 오향숙은 "처음 접해보는 신선한 걸음이었다. 그날 그 순간을 적절히 표현하지 못했지만, 분명 새로운 터닝 포인트가 되었다. 함께 걸으며 호흡할 수 있음에 감사했던 하루였다"고 했다. 나는 이럴 때 가슴이 뭉클해진다.

7구간_풍호 연가 길

Baugil Course
15.7km

범일국사가 정치를 했다고?

사람들은 이야기를 좋아한다. 아무리 복잡하고 골치 아픈 내용도 이야기로 하면 귀에 쏙쏙 들어온다. 사람들은 얘깃거리가 없으면 억지로라도 이야기를 만들어낸다. 사람 사는 세상에는 뒷담화도 있고, 가짜 뉴스도 있다. 동양이나 서양이나, 예나 지금이나 사람 사는 이치는 비슷하다.

옛 이야기는 설화(說話)이며, 당대 인간들의 삶의 기록이다. 설화에는 현실에서는 이룰 수 없는 소망을 상상 속에서 이루어냄으로써 힘들고 고통스러운 삶을 위로받고자 했던, 민초들의 소망과 기원이 담겨있다.

단오제의 스타이자 대관령 국사성황신(國師城隍神)인 범일(泛日, 810-889) 설화도 그렇다. 동네 처녀가 우물가에 물 길러 갔다가 바가지 안에 해

처녀가 물을 마시고 범일국사를 잉태한 석천

가 들어있는 물을 마시고 잉태하였다. 처녀는 태어난 아기를 아비 없는 자식이라고 바위 밑에 버렸다. 다음날 버린 곳에 가보니 학과 산짐승들이 아기에게 젖을 주며 날개를 펴서 돌보고 있었다. 처녀는 아기를 데려와 키웠고, 아기는 성장하여 구산선문(九山禪門) 중 하나인 도굴산문을 개창한 범일국사가 되었다.

비록 허구라고 하더라도 그럴싸하지 않은가? 삼국유사 《초당집》과 강릉 향토지 《임영지(臨瀛誌)》에 나오는 얘기다. 설화에 등장하는 스타들은 탄생부터 기적과 이변의 연속이다. 인간은 믿고 의지할 곳이 있어야 고통스런 현실을 이겨낼 수 있고, 희망을 갖게 된다. 고 장영희는 《살아온 기적 살아갈 기적》에서 "희망은 삶에서 우리가 공짜로 누리는 가장 멋진 축복이다"고 했다.

범일을 모르고는 강릉과 단오제를 이해할 수 없다. 속명은 김품일, 시호는 통효대사(通曉大師)다. 열다섯 살 때 출가하여, 스무 살 때 구족계(具足戒)를 받았다. 스물한 살 때(831년) 당나라에 유학 갔다가, 서른세 살 때(844년) 귀국하여 마흔 살 때(851년) 명주도독 요청으로 도굴산문을 열고, 일흔아홉 살에 입적했다.

신라 하대 150년은 20명의 왕이 교체되는 정치적 격변기였다. 귀족은 백성의 토지를 빼앗아 대토지를 소유했고, 절은 면세 특권을 누렸다. 귀족은 골품제로 권력을 독점했고, 절은 왕실과 귀족의 후원을 받는 교종 세력이 주류를 이루었다.

대관령 국사성황신

백성들은 과중한 세금에 허리가 휘고, 귀족한테 빌린 돈을 못 갚으면 땅을 빼앗겼다. 기댈 곳은 절뿐인데, 교종은 경전 해석을 둘러싸고 이리저리 갈라졌다. 백성들은 희망이 없었다. 이때 나타난 게 바로 선종이다. 선종은 경전 공부를 안 해도 깨우침에 이를 수 있다는 4구표방(四句標榜 : 불립문자, 교외별전, 직지인심, 견성성불)'으로 기존 불교계에 회오리바람을 일으켰다.

범일은 강릉을 중심으로 한 호족인 명주군왕 강릉김씨의 후손이었다. 범일이 13년간 당나라에 유학을 가서 무엇을 배웠겠는가? 예나 지금이나 유학을 아무나 가는가? 그것도 1~2년이 아니라 13년씩이나? 당나라 유학은 대단

한 '스펙'이었다. 화려한 스펙을 가진 그가 교종으로 들어갔더라면 대우받으며 편안하게 살 수도 있었을 텐데, 고향으로 내려와 사굴산문을 열고 중앙 교종 세력과 대립각을 세운 걸 보면, 소신이 분명한 재야 반골 승려가 아니었을까?

강신주는 《매달린 절벽에서 손을 뗄 수 있는가》에서 "모든 사람이 주인공으로서 자신의 삶을 사는 것, 그래서 들판에 가득 핀 다양한 꽃들처럼 자기만의 향과 색깔로 살아가는 것이 바로 화엄의 세계다. 선종의 역사에 등장하는 다양한 학파 선사들마다 강한 개성이 풍기는 것도 다 이유가 있는 셈이다. 불교의 역사도 마찬가지지만 선종의 역사는 자기가 속한 학파를 극복하는 역사, 혹은 스승의 스타일을 부정하고 자기만의 스타일을 창조하는 단독화 과정이라고 할 수 있다"고 했다.

강릉문화원 박도식 교수도 논문 '나말여초 사굴산문과 명주호족'에서 "신라 경문왕, 헌강왕, 정강왕은 범일을 국사로 삼으려고 중사(中使)를 보내 경주로 오라고 했으나 모두 거절했다. 아마 명주지역에서 정신적인 지도자로 활동하고 있던 범일을 불러들여 지역 세력을 회유하고자 했던 것으로 짐작된다"고 했다. 지금으로 말하면 범일은 영동지역을 지배하던 호족과 손잡았던 정치 승려가 아니었을까?

학동 오독떼기 전수관 일대는 범일이 태어나고 활동하다 묻힌 흔적이 곳곳에 남아있다. 석천(잉태), 서낭당(출산), 학 바위(버린 곳), 굴산사(활동), 부도탑(무덤)이 그곳이다.

7구간은 오독떼기 전수관에서 굴산사지 당간지주, 상시동 연꽃마을, 하시동 안인사구를 거쳐 안인진에 이르는 인문과 역사의 길이다.

서화석, 이학재, 윤성일이 새로 왔다. 서화석은 퇴직 선배고, 이학재와 윤성일은 집배원이다. 윤성일은 하루에 2만 보 이상을 걷는다고 했다. 이학재는 "배달하며 걷는 것과 바우길을 걷는 건 노동과 운동의 차이"라고 했다. 무슨 일이 되었든지, 생각하기 나름이고 마음먹기 달렸다.

굴산사지 당간지주(높이 6m, 보물 제86호)로 향했다. 신라와 고려시대에는 마치 국기게양대처럼 멀리서도 한눈에 알아볼 수 있도록 절 앞에 깃발을 내다 걸었다. 당간지주(幢竿支柱)는 국기게양대의 깃대(당간)와 버팀돌(지주)이다.

유홍준은 《나의 문화유산 답사기(산사순례)》에서 굴산사지 당간지주를 "자연석의 느낌을 살린 헤비급 챔피언"이라고 했고, 부석사 당간지주는 "라이트급이라도 헤비급을 능가할 수 있는 멋과 힘의 고양이 있음을 보여주는 명작 중의 명작"이라고 극찬했다. 그러나 나는 우람하고 듬직한 '장비'같은 굴산사지 당간지주가 좋다. 당간지주 뒤편으로 고루포기산, 능경봉, 대관령, 선자령을 잇는 백두대간이 병풍처럼 펼쳐진다. 한 번 와보면 아! 소리가 절로 나온다. 요즘 말로 조망권까지 고려한다면, 가성비가 훨씬 높다. 강릉에 오시면 범일국사 유적지와 굴산사지 당간지주를 꼭 한 번 둘러보고 가시라. 장담컨대 본전을 뽑고도 남는다.

굴산사는 범일국사의 베이스 캠프였다. 9세기 말 굴산사는 강릉에서 가장

굴산사지 당간지주(뒤편으로 백두대간이 병풍처럼 펼쳐진다)

큰 절이었다. 삼국유사에 따르면 "굴산사 당우(堂宇 : 절터 규모)는 300m가 넘었고, 승려 수는 200명이 넘었으며, 찾아오는 신도가 많아서 쌀 씻은 물이 동해로 흘러들어갔다"고 했다. 굴산사지는 1956년 홍수 때 주춧돌 여섯 개와 '문굴산사(門崛山寺)'라고 새겨진 기와가 발견되면서 세상에 모습을 드러냈다.

부처는 한국인의 마음속에 면면히 이어져 온다. 부처는 신라에도 있었고, 고려에도 있었고, 조선에도 있었다. 한국 역사에서 부처를 빼놓으면 얘깃거리가 없다. 부처는 민초들의 상처를 보듬어 주고 희망을 불어 넣어주는 미륵이요 메시아였다.

금광초등학교를 지난다. 농부가 트랙터로 논물을 고르고 있다. 최규인이 농사짓는 친구한테 들었다면서 한마디 했다.

트랙터로 논물 고르는 모습

"요즘 인력시장에서 외국사람 일당은 10만 원이다. 한국사람은 외국사람의 1.5배를 줘야 온다. 외국사람은 인력중개업체에서 만 원을 떼고 9만 원만 주면 되는데, 한국사람은 4대 보험 다 들어야 한다. 이러니 누구를 쓰겠는가? 농사를 지으려면 새벽 5시에 일어나야 하고, 하루 종일 논밭에서 살아야 하는데 몸에 배면 괜찮겠지만, 나는 차라리 우편물 배달하는 게 낫다. 배달 다녀보면 시골에는 노인뿐이다."

최규인은 농사를 짓다가 집배원의 길을 선택했다. 세상에 만만한 일은 없다. 겉으로 보기엔 남의 일이 쉬워보이지만 직접 해 보면 만만하지 않다. 인생은 매일매일 순간순간 선택의 연속이다.

덕고개 오솔길이다. 황톳길이 이어진다. 앞서가던 자가 털썩 주저앉았다 "아니, 어디 아파요?" "아니에요. 저는 올라가기 능력이 결여된 동물이에요." 철학자 루드비히 비트겐슈타인은 "언어의 한계는, 곧 내 세계의 한계다"라고

했다. 그는 두 사람의 부축을 받으며 천천히 일어났다.

숲길이 이어진다. 솔향과 아카시아 향기가 코끝에 스민다. 백목련, 칡꽃, 찔레꽃, 창포꽃이 길 따라 피어있다. 오월 숲길에 꽃 열병식이 펼쳐진다. 꽃향기가 몸 안으로 성큼 들어온다. 고즈넉한 풀밭에 엉덩이를 살짝 내려놓았다. 최제무가 두부를 갈아 빚은 전(煎)을 꺼냈다. 이경희는 커피와 오미자차를 내놓았다. "왜 자꾸 가져오느냐?"고 했더니, 이경희는 "만들어서 나눠주는 기쁨도 쏠쏠하다"고 했다. 이쯤 되면 예수와 부처가 따로 없다. 나누자고 말은 많이 하지만 실천하는 자는 드물다.

정감이마을 등산로다. 등산로는 강릉시 강동면 모전리와 상시동, 언별리 등 4개 마을을 품고 있다. 붉은 황토 흙길이 길게 이어진다. 김부자 집에서 머슴 살던 유 총각과 김 낭자의 사랑이야기가 전해온다. 처녀, 총각이 이 길을 걸으면 좋은 인연이 된다고 하니 청춘남녀는 한 번 걸어보시라.

정감이 수변공원이다. 호수 한가운데 아늑한 정자가 무릉도원이다. 속이 뻥 뚫리는 시원한 바람이 불어온다. 의자에 걸터앉아 눈을 감았다. 아카시아 향기 너머, 박하사탕 웃음소리가 잔잔한 수면 위로 울려 퍼진다. 고단한 걸음 뒤에 달콤한 휴식이다. 휴식의 맛은 고통의 강도에 비례한다.

상시동 강릉박씨 가족묘다. 검은 비석이 여러 군데 서 있다. 여기저기 흩어져 있던 묘를 한곳으로 모았다고 한다. 비석을 들여다 보던 윤성일은 "우리 어머니는 돌아가시면 수목장을 해 달라고 합니다. 가족묘도 살아있는 사람들 얘기지 죽으면 소용이 없잖아요. 이제는 공원묘지나 납골당도 인기가 없습니다"라고 했다. 전 중국 국가 주석 등소평은 "내가 죽은 다음 화장하여 뼛가루를 비행기에서 조국 산하에 뿌려 달라"고 했다. 고 노무현 대통령도 "집 가까운 곳에 아주 작은 비석 하나만 남겨 달라"고 했다. 나도 죽으면 화장하여 동해 바다가 바라보이는 백두대간 고갯마루에 훨훨 뿌려주면 좋겠다.

농가 빨랫줄에 '몸뻬바지'가 널려있다. '몸뻬바지'는 디자인이 단순하고 편리하다. 거품과 치장이 빠진 생활용 옷이다. 돌아가신 어머니는 '몸뻬바지'를 입고 살았다. 오징어 철이 되면 어판장에서 오징어를 사서 '다라이'에 이고 꼬불꼬불한 언덕길을 올라왔다. 빨랫줄에 널어 절반 정도 말린 오징어를 스무 마리 한 두름으로 묶어, 아랫목에 차곡차곡 쌓은 다음 군용담요로 덮었다. 방은 구석구석 오징어 말리는 냄새로 가득했다. 소금기가 말라붙어 하얗게 분이 난 오징어는 학비의 원천이었다. 나는 '몸뻬바지'를 볼 때마다 오징어 다리를 몰래 뜯어 먹었다가 어머니한테 혼나던 기억이 문득문득 되살아나곤 한다.

하시동 풍호(楓湖)마을이다. 단풍나무가 호수에 비치는 모습이 장관을 이루었다는 아름다운 호수는 1970년 영동화력발전소 건설 공사과정에서 나오는 부산물을 호수에 묻으면서 사라지고 말았다. 그때는 먹고살기 위해서 어쩔 수 없었겠지만 지금 생각해보면 아쉽기 그지없다. 강릉시는 남아있는 호수를 아름답게 단장하여 2009년 7월부터 매년 연꽃 축제를 열고 있다.

연꽃 길을 나와 안인으로 향했다. 이학재와 김성호가 나란히 걷는다. 이학재는 늦깎이로 들어온 김성호에게 집배를 가르쳤다. 그들은 10년 전을 회상하며 추억에 잠겼다. 김성호는 "독한 고객(?)을 설득하려다 번번이 실패했고, 자괴감이 들어 몇 번이나 그만두려고 사표를 썼다"고 했다. 이학재는 "힘든 것은 참을 수 있지만 사람을 무시하고 억지를 부릴 때는 억울하고 분통이 터져 그만두고 싶었다"고 했다. 사람들은 약자에겐 강하고 강자에겐 약하다. 사람 위에 사람 없고 사람 밑에 사람 없다. 사주 명리학자 조용헌은 "빈부와 귀천은 생을 바꿔가면서 교대한다"고 했다. 힘이 있고, 잘 나갈 때 많이 베풀어야 한다. 콩 심은 데 콩 나고, 팥 심은 데 팥 난다.

뒤따라오던 최제무도 참았던 얘기를 털어놓았다. "우편물이 적을 때는 천천히 배달하고 싶어도, 택배나 등기고객의 독촉 전화에 어쩔 수가 없다. 이륜차 사고 예방을 위해서 위에서는 서두르지 말라고 하지만, 우편물이 적으면 적은 대로, 많으면 많은 대로 서두를 수밖에 없다. 독촉 전화를 받고 바쁘게 움직이다 보면 사고가 난다. 집배원 생활 오래한 사람치고 팔다리 성한 사람이 거의 없다"고 했다. 그의 말은 시간에 새겨진 숨결 같은 것이었다. 누구나 보여주고 싶지 않은 상처 한두 개쯤 가지고 산다. 이런 얘기는 술자리에서는 들을 수 없다.

하시동 안인사구 생태관찰로다. 안인사구는 2400년 전에 만들어진 모래언덕이다. 바다와 육지의 생태계를 이어주는 완충지대 역할을 한다. 1차 사구 아래 움푹 파인 저지대(골짜기)가 있고 2차 사구가 있다. 삵, 물수리, 하늘다람쥐 등 멸종위기 야생동물과 갯방풍, 해란초, 갯메꽃 등이 있으며, 2008년 12월 17일 생태경관보전지구로 지정되었다. 탐방안내소 자연환경 해설사 권명자는 안인사구 생태경관과 서식하고 있는 동식물에 대해 알기 쉽게 설명해주었다. 그는 "무엇보다 지구 온난화로 동식물 개체수가 급격히 줄어들고 있어서 걱정"이라고 했다.

2019년 5월 6일 프랑스 파리에서 열린 '유엔 생물다양성 과학기구 총회'에서 채택한 1,800페이지 보고서는 지구의 동식물 멸종이 임박했음을 알려주고 있다.

"지구상 800만 종의 동식물 가운데 100만 종이 멸종위기에 처해있다. 인간의 끊임없는 소비가 자연계를 파괴하고 있다. 2018년 말 기준 개구리 등 양서류의 40%, 침엽수의 34%, 포유류의 25%가 멸종위기다. 바다 산호초는 150년 전과 비교하여 절반으로 줄었고, 네팔, 인도에서 자라는 벵골호랑이는 밀렵과 서식지 감소로 50년 내에 멸종이 예상된다. 1980년부터 2000년 사이에 1억 헥타르(한반도 면적의 5배)의 열대우림이 사라졌다. 생태계가 파국을 맞을 수 있다. 지구 제6의 대멸종이 임박했다."

그레타 툰베리

과소비와 환경오염으로 동식물이 죽어가고 있다. 우리는 지금 어디에 서 있는가? 2019년 9월 23일 뉴욕 유엔본부에서 열린 '기후행동 정상회의'에서 스웨덴의 16살 소녀 그레타 툰베리는 세계 각국 대표들을 향해 이렇게 질타했다.

"여러분은 헛된 말로 저의 꿈과 어린 시절을 빼앗았습니다. 사람들이 고통 받고, 죽어가고 있습니다. 생태계 전체가 무너져 내리고 있습니다. 우리는 지구 대멸종이 시작되는 지점에 서 있습니다. 그런데 여러분이 하고 있는 얘기는 전부 돈과 끝없는 경제성장 신화에 대한 것뿐입니다. 어떻게 이럴 수 있습니까? 어떻게 이렇게 외면할 수 있습니까? 필요한 정치적인 해결책은 어떤 곳에서도 보이지 않는데도 여러분은 우리가 하는 말을 '듣고 있다, 긴급함을 이해한다'고 합니다. 만약 지금 상황을 이해하는데도 행동하지 않고 있다면 여러분은 악이나 다름없습니다. 앞으로 10년 안에 온실가스를 반으로 줄이자는 의견은 지구온도 상승폭을 1.5℃ 이하로 제한할 수 있는 가능성을 50%만 줄일 뿐입니다. 50%는 여러 가지 티핑 포인트와 대기오염에 숨겨진 추가적인 온난화는 반영하지 않은 수치입니다. 여러분은 그동안 공기 중에 배출해 놓은 수천억 톤의 이산화탄소를 제거할 의무를 여러분 자녀에게 떠넘긴 것입니다. 어떻게 여러분은 지금까지 살아온 방식을 하나도 바꾸지 않고 몇몇 기술적인 해결책으로만 이 문제를 해결해 나갈 수 있는 것처럼 말할 수 있습니까? 지금처럼 탄소 배출을 계속한다면 지구가 감당할 수 있는 탄소량은 8년 안에 모두 소진되고 말 것입니다."

지구 온난화로 북극 빙하가 녹아내리고 수온이 상승해 어류 생태계가 바뀌는가 하면, 육지에서는 이상고온과 이상저온 현상이 계속되고 있다. 동해에서 명태와 오징어가 잡히지 않고, 강원도에서 인삼이나 사과가 재배되는 것만 봐도 기후변화가 진행되고 있다는 것을 알 수 있지 않은가? 미래학자 제러미 리프킨도 《글로벌 그린 뉴딜》에서 "풍력이나 태양광 등 재생에너지 사용 비율을 획기적으로 늘려야 한다"고 주장한다.

"풍력 에너지와 태양 에너지 발전비용이 석탄이나 석유보다 저렴해지고, 2023년과 2030년 사이에 화석연료 문명의 종말이 올 것이다. '탄소제로 사회'로 전환하기 위해 친환경 인프라를 구축해야 한다. 그러지 않으면 지구 온난화로 인류가 대 멸종에 처할 수 있다. 한국은 세계에서 일곱 번째로 이산화탄소를 많이 배출하고, 열두 번째로 온실가스를 많이 배출하는 나라다. 석탄이나 석유 등 화석연료에 가장 많이 의존하는 나라로서 화석연료 '좌초 자산(수요가 줄어 채굴되지 않고 남게 되는 화석연료와 버려지거나, 폐기되거나, 포기되는 산업시설)'에 가장 취약한 나라로 손꼽힌다."

경제 발전과 더불어 전력수요도 늘어난다. 전력공급을 늘려야 하는데 석탄은 미세먼지와 이산화탄소를 유발하고, 가스와 풍력은 원자력 대비 발전비용이 비싸다. 원자력은 무엇보다 안전문제가 걸려있다. 미국 스리마일, 러시아 체르노빌, 일본 후쿠시마 원전사고를 생각해 보라. 그러나 당장 먹고 사는 문제도 중요하다. 탈원전 정책으로 원자력발전소 건설이 중단되고 원전 가동률이 떨어져 원자력 생태계가 무너지고 있다. 어떻게 할 것인가? 온실가스와 미세먼지 감축을 위한 신재생에너지 중심의 정책방향은 이해가 가지만, 탈원전 속도 조절과 경제상황을 고려한 석탄, 가스, 원자력, 풍력, 태양광 비율의 합리적인 조정이 필요하다.

모든 발전소는 포구를 향해 있다. 울진이 그렇고, 고리가 그렇고, 안인이 그렇다.

포구에서 고기를 잡아 먹고살던 어부들이 삶의 터전을 잃고 부유하고 있다. 안인은 옛 포구가 아니다. '아름다운 해령산을 감돌아 흐르고 신선이 놀던 포구'가 해체되고 있다. 건설현장을 오가는 차량과 공사현장에서 날아오는 뿌연 먼지를 뚫고 갯목마을을 지나자 안인항이다. 곳곳에 현수막이 펄럭이고 공사 차량으로 분주하다. 화력발전소 건설에 따른 피해보상을 둘러싸고 어민과의 갈등이 계속되고 있다. 과연 무엇이 발전이고 무엇이 더 나은 삶일까?

같이 걷던 이한익이 보이지 않는다. 마을 이장이 물었다. “오늘 한익이가 안 보이네요. 한익이 안 왔어요?” 이장은 자기가 회덮밥 식당 주인이라고 했다. 조기완은 이한익의 추천을 받아 이곳으로 식당을 정했다고 했다. 안인은 이한익 배달지역이다. 멀리서 그가 절뚝거리며 천천히 걸어왔다. 그는 “무릎 근육 통증으로 한 달 내내 주사를 맞으며 우편물을 배달했다. 아무리 쉬는 날이라고 해도 내 배달구역을 우체국 동료들이 다녀간다고 하는데 집에 가만히 있을 수가 없어서 나왔다”고 했다. 아, 그랬구나! 그랬었구나! 그가 나온 이유가 있었구나! 나는 미안했고 고마웠다. 조기완과 이한익이 서로 마음 써 준다고 한 일이 이렇게 되었구나.

아! 이럴 땐 가슴이 먹먹해진다. 달려오는 차에 부딪혀 넘어지면서 배달 가던 짬뽕을 길바닥에 쏟고 도로가에 주저앉아 흘러내린 짬뽕 국물을 하염없이 바라보던 젊은 라이더를 보며 “나는 먹고 사는 일의 무서움에 떨었다. 나는 삶 앞에서 까불지 말고 경건해져야 한다”고 했던 소설가 김훈 선생의 말이 떠올랐다. 백두대간 다니면서 아들에게 귀에 딱지가 앉도록 일렀던 말도 ‘까불지 말자’였다.

답사 이후 부석사와 낙산사를 다녀왔다. 부석사는 유홍준 선생이 극찬한 ‘당간지주’를 살피기 위해서요, 낙산사는 범일국사가 중창했던 흔적을 더듬기 위해서였다. 당간지주는 역시 제 눈에 안경이었다. 보는 사람이 누구냐에 따라서 달리 보이는 법이다. 양양 낙산사는 676년(문무왕 16년) 의상대사가 건립했으나, 786년(원성왕 2년) 불탔다. 범일은 858년(헌안왕 2년) 중창했다. 범일은 동해 삼화사도 중창했다. 이걸로 미루어볼 때 양양 낙산사와 동해 삼화사는 초기에 교종 종파로 있다가, 신라 말기에 선종 사굴산문으로 들어온 게 아닌가 싶다.

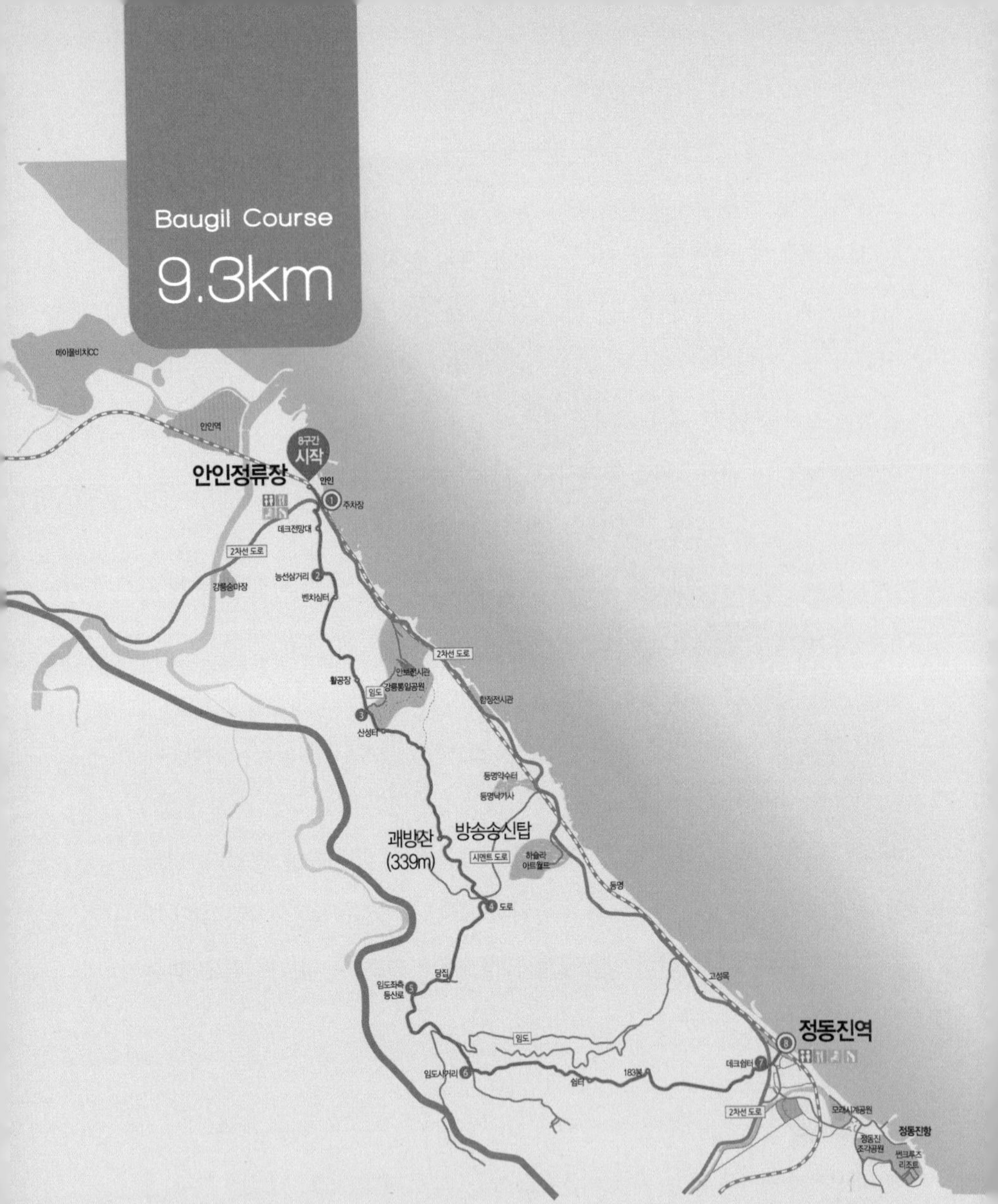

Baugil Course

9.3km

8구간_ 산우에 바닷길

어느 바다든 원래 바다가 산 아래 있고 길 아래에 있습니다. 그러나 이 길은 바다 바로 옆에 서있을 때보다 산 위에 산책로를 걸을 때 파도소리가 더 가깝고 크게 들립니다. 한 걸음 한 걸음 걸을 때마다 신발이 바다에 빠질 것 같은 기분이 듭니다. 바람부는 보리밭의 이랑을 바라보듯 산 위에서 바다의 물결 이랑을 바라보며 걷는 길입니다. 그렇게 걸어 가서 닿는 곳이 정동진역입니다.

북한 잠수함과 진돗개 하나

1996년 9월 14일 새벽 5시 함경도 원산시 퇴조항은 무겁고 팽팽한 긴장감이 흘렀다. 검은 옷을 입고 입술을 꽉 다문 사내들이 세 줄로 도열했다. 조선민주주의인민공화국 인민무력부 정찰국 해상처 제22잠수함전대 소속 함장 정용구 중좌 등 26명이다. 그들은 정찰국장 김대식의 작전개시 명령에 따라

강릉 안인진 해안에서 좌초된 북한 잠수함

신속히 배에 올랐다. 타고 갈 배는 길이 34m, 폭 3.8m, 무게 300톤 상어급 잠수함이었다.

잠수함은 서서히 항구를 빠져나가 공해를 거쳐 9월 15일 오후 8시 강릉시 강동면 등명낙가사 앞 해상 400m 지점에 도착하였다. 배는 시동을 끄고 서서히 수면위로 떠올랐다. 잠수복으로 갈아입은 정찰조 3명과 안내원 2명은 잠수함을 빠져나와 해안으로 접근했다. 정찰조 3명의 임무는 강릉비행장과 괘방산 송신소, 영동화력발전소를 촬영하고, 해안 경계상황을 살피고 돌아오는 것이었다. 오후 9시 해안에 상륙하여 잠복해있던 정찰조 3명은 재빠르게 7번 국도를 건너 괘방산으로 향했고, 안내원 2명은 잠수함으로 복귀하였다. 9월 16일 오후 8시 반 임무를 마치고 돌아오는 정찰조 3명과 접선하기 위해 안내원 2명은 잠수함을 나왔다. 그들은 상륙했던 정찰조가 나타나지 않자, 잠수함으로 되돌아와 만 하루를 기다렸다.

9월 17일 오후 8시 10분 승조원 이광수는 홀로 해안에 상륙하였다. 그는 오후 9시 임무를 마치고 돌아오는 정찰조 3명과 합류한 후, 해안가에서 잠수함이 가까이 오기를 기다렸다. 오후 11시 잠수함이 후진으로 해안으로 접근해 오는 순간, 갑자기 거센 파도가 들이치면서 스크루가 바위에 부딪혔다. 프로펠러가 윙윙 소리를 내며 계속 헛돌았다. 잠수함은 오도 가도 못하고 좌초됐다. 잠수함에 비상이 걸렸다. 함장 정용구는 북한 정찰국에 급히 보고한 후, 기밀문서와 장비를 불태우고, 전원 탈출을 명령했다. 9월 17일 밤 11시 50분이었다.

9월 18일 오전 1시 40분 강동면 안인진리 등명낙가사 앞 7번 국도를 지나던 택시기사 이진규는 잠수함이 떠있고, 섬광이 번쩍이는 가운데 수런거리는 소리를 들었다. 이진규는 뭔가 심상치 않은 일이 벌어지고 있다는 생각이 들어 강릉경찰서 강동파출소로 달려갔다.

9월 18일 오전 2시 군은 좌초한 배가 북한 잠수함임을 확인하고, 오전 3시 40분 1군 사령부 전 지역에 1급 경계 태세인 진돗개 하나를 발령했다. 오전 5시 전군 경계령이 발령되면서 침투한 북한 무장공비 수색작전이 시작되었다.

해안에 상륙한 무장공비는 26명(승조원 21명, 지도원 2명, 정찰조 3명)이었다. 그중 승조원 이광수는 9월 18일 오후 4시 40분 강동면 모전리 농가에서 농부와 얘기를 나누던 중 출동한 강릉경찰서 강동파출소 최우영, 전호구 경장에게 생포되었다. 승조원 11명은 청학산 정상에서 등 뒤에 AK소총과

좌초된 북한 잠수함에서 나온 물건

T1 권총으로 각각 2~3발씩 맞고 죽었다. 생포될 경우 정보유출을 우려한 정찰조원이 등 뒤에서 살해한 것이었다. 9월 19일 강동면 언별리 단경골, 구정면 칠성대, 정동면 쾌일재 등에서 7명이 사살되었고, 9월 22일 구정면 칠성산 계곡에서 2명, 9월 28일 성산면 어흘리 노루목에서 2명이 사살되었다.

그로부터 1달여 후인 11월 5일 인제군 북면 용대리 창바우마을 야산에서 공수특전사 소속 장선용 상사가 잔당 2명을 사살하며 49일에 걸친 수색작전은 막을 내렸다. 남은 1명은 아군 포위망을 뚫고 월북한 것으로 추정하고 있다.

아군 피해도 많았다. 군경 전사자 13명(군인 11명, 경찰 1명, 예비군 1명)과 부상자 27명, 민간인 4명이 희생되었다. 전사자 중 공수특전사 3공수여단 통신팀장 이병희 중사(25)는 9월 21일 무장헬기에서 레펠을 타고 칠성산 망기봉으로 내려오다 무장 공비가 쏜 총탄에 맞아 절명하였다. 11월 5일에는 육군 3군단 기무부대장 오영안 대령과 3군단 정보처 이종갑 소령, 서형원 대위가 인제군 북면 용대휴양림 연화매표소 입구에서 적의 도주로를 확인하던 중 총탄에 맞아 절명하였다. 그중 서형원 대위는 왼쪽 팔에 총탄 3발을 맞고 피를 흘리고 있던 이종갑 소령을 부축하여 옮기다가 총탄을 맞고 절명하였다. 1996년 12월 29일 북한은 잠수함 침투사건에 유감을 표명하였고, 우리 군은 사살한 무장공비 시신 24구를 북한으로 송환하였다. (《나무위키》, 〈위키백과〉, 통일부 블로그, 이광수 증언 등을 참고하여 재구성)

북한 잠수함 침투 및 수색작전 과정을 재구성하면서 몇 가지 아쉬운 점이 남는다.

첫째, 군 경계의 허술함이다. 안인진은 한국전쟁 때 북한군이 38선을 넘어 가장 먼저 상륙한 곳이다. 해안 경계에 구멍이 뚫려 있었다. 생포된 무장공비 이광수 증언에 따르면 "북에서 훈련받은 곳과 이곳의 차이는 도로에 차가 많이 다니고 불이 환한 것 빼고는 똑같았다. 군 초소가 있지만 근무를 서지 않고 있는 것까지 알았다"고 했다. 북한 잠수함이 몇 번이나 들고나는 동안 구축함과 초계함은 어디에 있었을까? 당시 제1해역 사령부에 근무했던 예비역 부사관 전명선은 "초계함의 대잠수함용 수중전파탐지기(Sonar)는 탐지영역에 한계가 있어 어쩔 수 없었다"고 했다.

사건 이후 군은 'KDX(한국형 구축함 사업) 사업'에 박차를 가하여 2000년까지 낡은 미국산 구축함 12척을 퇴역시키고 자체 설계, 건조한 이지스체계를 갖춘 KDX-III 함정으로 교체했다.

둘째, 군 보고체계와 신속한 대응능력 부족이다. 북한 잠수함 좌초는 택시기사가 발견하기 이전, 초소경계병(일병 박만권)이 먼저 발견하여 지휘계통(소초장 소위 양대길)으로 보고했으나, 연대장과 사단사령부 관계자가 현장에 나와서 확인한 후에야 대응 조치가 이루어졌다. 더 빠르게 포위망을 구축했더라면 무장공비의 이동 확산을 막을 수 있었을 텐데 아쉽다. 무슨 일이든 타이밍이 중요하다. 때를 놓치면 호미로 막을 걸 가래로도 못 막는다.

셋째, 작전 중 총상을 입은 지휘관에 대한 처우 문제다. 작전이 끝나고 작전에 참가했던 군 장병에게 훈장과 표창이 수여되었다. 40명은 훈장, 20명은 대통령 표창을 받았다. 그러나 인제군 북면 용대휴양림 연화매표소 입구에서 잔당 수색작전에 나섰다가 총상을 입었던 이종갑 소령은 참모총장 표창에 그쳤고, 1년 뒤 진급심사에서 탈락한 후 전역했다. 그는 군 생활 18년 중

예비역 소령 이종갑, 작전 중인 지휘관과 수색대원(출처 : 〈한국일보〉)

북파공작원(HID)훈련 교관만 10년을 했고, 강하훈련, 수중폭파훈련 등 특수 훈련이란 훈련은 다 받았고 작전 중 총상까지 입었다. 그가 입원 치료받는 도중 소속부대도 바뀌었고, 가족들은 군인 관사에서 나와야 했다. 더구나 치료비 900만 원 중 절반은 본인이 먼저 부담했고, 몇 년에 걸쳐 조금씩 보상받았다.

이종갑은 2011년 8월 26일자 〈한국일보〉 인터뷰에서 이렇게 말했다.

"참모총장 표창이요. 쳐다보기도 싫어서 내버렸어요. 차라리 죽는 건 두렵지 않아요. 하지만 사지(死地)에 투입됐던 부하를 외면하는 군 지휘부의 냉대와 차별은 견딜 수 없었어요. 침투조가 향로봉을 거쳐 북한으로 되돌아가면 끝이었어요. 또한 단풍철이라 설악으로 넘어가면 민간인 피해도 우려되었고요. 그래서 촘촘하게 포위망을 짜서 운신의 폭을 줄이는 데 주력했어요. 자연히 시간이 길어질 수밖에 없었지요. 잡지 못한 놈들은 김정일이 '정찰대원 1명은 사단 병력하고도 안 바꾼다'고 했을 정도로 최정예 침투조였어요. 그 놈들의 눈에는 사방이 손쉬운 표적이었고 우리는 울창한 숲속에서 단 2명을 잡아야 했습니다. 인명피해가 늘고 세간의 지탄이 쏟아지면서 피가 말랐어요. 빨리 끝내야 했습니다. 11월 5일 아침, 해가 막 떠올라 시야가 가려지는 순간 탕! 탕! 탕! 세 발의 총성이 울렸어요. 너덜해진 왼팔에서 피가 뿜어져 나오고 전기에 감전된 듯 찌릿했지만 느낌이 없었어요. 병원수술실에 가서야 비로소 통증이 밀려오며 이제 끝났다는 안도감이 들었어요……. 작전에 참가하지도 않은 군 고위층은 훈장을 받았지만, 우리는 거들떠보지도 않았어요. 이건 아니었어요. 주변에 육군사관학교 출신들은 심지어 지뢰지역에 잘못 들어가 다리를 다쳐도 진급했어요. 저는 전쟁터나 다름없는 곳에 뛰어들었지만 비주류인 3사관학교 출신이었어요. 더 이상 차별을 견디며 군에 남아있을 자신이 없었어요. 손자병법에 천일양병 일일용병(千日養兵 一日用兵)이라고 했어요. 결국 군인은 한 번 싸우는 게 중요해요. 우리가 몸을 바쳤기에 침투한 무장공비를 소탕할 수 있었어요. 그런데 만신창이가 된 부하를 내팽개치면 어떻게 합니까? 더 이상 저 같은 군인이 나오지 않았으면 합니다. 생포된 무장공비 이광수의 처우와 비교하면서 억울하다는 생각을 한 번도 해본 적이 없어요. 그 사람이나 저나 각자 군인으로서 임무를 수행한 것밖에 없어요. 개인적인 감정은 조금도 없어요."

나는 인터뷰를 읽으면서 아쉬움과 분노가 교차했다. 이러면 누가 국가를 위해 헌신하려 하겠는가? 요즘은 육군 3사관학교 출신이 사단장도 되고 군단장도 되지만, 과거에는 별을 단다는 건 꿈도 못 꾸던 시절이었다. 아무리

궤방산 밑 북한 잠수함이 좌초되었던 곳

뛰어나도 출신학교나 인맥에서 밀리면, 진급이나 승진에서 배제되는 우리 사회의 모순이 그대로 드러나는 듯했다.

우리는 언제쯤 출신성분으로 한 인간을 바라보는 편견에서 벗어날 수 있을까? 통일은 튼튼한 안보가 뒷받침 되어야 한다. 자유는 공짜로 주어지지 않는다. 국군장병은 국민의 격려와 지지를 먹고 산다.

8구간은 북한 잠수함 무장공비 침투로였던, 안인진~괘방령~정동진을 지나는 약 9.3km, 4시간 코스다. 이 코스는 1997년 강릉시청 산악회 주관으로 개설되었고, 2009년 '산우에 바닷길'로 명명되었다. 출발하자마자 계단 오르막이다. 길옆에 엄지손가락만 한 빨간 산딸기가 주렁주렁 달려있다. 홍동호와 함께 계단을 넘었다. 산딸기를 따서 입에 넣었다. 달고 상큼한 맛이 느껴진다. 한 움큼 따서 배낭에 넣었다. 계단에 올라서자 시야가 확 터진다. 산딸기를 조금씩 나눠주었다. 땀 흘린 뒤에 자연이 주는 최고의 간식이다. 영동화

력발전소와 안인화력발전소, 풍호마을이 손에 잡힐 듯 가깝다. 풍호(楓湖)는 석호(潟湖)였으나, 영동화력발전소 건설과정에서 나온 부산물을 호수에 묻으면서 면적이 줄어 지금은 겨우 명맥만 유지하고 있다.

오향숙에게 산 아래가 어디냐고 물으니 "나는 왕산에서 나고 자라 왕산밖에 모른다"고 했다. 그는 "바우길을 걸으면서 강릉지리를 공부하고 있다"고 했다. 강릉이 고향인데 강릉지리를 모른다고 하니 어떻게 이럴 수 있을까 싶다. 박말숙은 자꾸 뒤처진다. 왕년에 배구선수로 이름을 날렸던 그였지만, 나이는 어쩔 수 없는가 보다 했다. 그런데 그게 아니었다. "엊저녁에 술 먹는다고 늦게까지 달렸더니 힘드네요."

활공장 가는 길이다. 이야기가 화산처럼 폭발한다. 과묵했던 자도 입을 열었다. 박석균은 강릉 남자들에 대해 이렇게 말했다. "〈KBS〉 전국노래자랑이 강릉에서 열렸는데, 사람들이 하도 박수를 안 치니까 진행자 송해 선생이

'나도 여러 군데 다녀봤지만 이렇게 박수를 안 치는 곳은 처음이다. 여자들은 그래도 좀 나은데 남자들은 그냥 멀뚱 멀뚱 쳐다보기만 한다'"라고 했다. 강릉 남자는 처음에는 무뚝뚝하지만 한 번 마음을 주면 변치 않는다고 하지만, 그래도 사람이 무슨 반응이 있어야지 속에 넣어놓고 표현하지 않으면 누가 알겠는가.

곧바로 이경희가 넘겨받았다. "나는 바우길 마치면 오늘 저녁 혼자 임창정 콘서트에 갑니다. 신랑은 취미가 다릅니다." 부부라도 취미가 다르면 어쩔 수 없다. 그날 이후 콘서트에 다녀온 최수정은 "그날 앞자리에 어떤 가족이 왔는데, 아이들은 스마트 폰으로 게임만 하고 있고, 노부부는 조금 있다가 그냥 슬그머니 나가버렸다. 아마 자식들이 표를 구해 준 것 같은데, 부모나 자녀에게 필요한 게 무엇인지 알아보고 필요한 선물을 해주었더라면 좋았을 텐데"라고 했다. 맞는 말이지만, 선물을 받는 상대방에게 물어본다는 건 쉽지 않다. 그래도 이젠 체면치레 문화에서 벗어나야 한다. 처음 한두 번이 어렵지 자꾸 묻다보면 자연스워진다. 묻는 것도 용기다.

패러글라이딩 활공장(滑空場)이다. 사방이 트였다. 앞은 동해요, 뒤는 백두대간이다. 패러글라이더를 타고 창공을 나르면 한 마리 학이 된다. 심원용이 널찍한 데크에서 허공을 향해 팔 다리를 활짝 벌리며 힘차게 솟았다. 서화석과 박석균도 솟았다. 나는 인류 최초로 비행기를 만들었던 '라이트

심원용

형제'를 생각했다.

인간은 새처럼 날고 싶은 마음에 비행기를 만들었고, 고기처럼 헤엄치고 싶은 마음에 배를 만들었으며, 말처럼 달리고 싶은 마음에 자동차를 만들었다. 인간은 상상하고 생각하는 대로 물건을 만들어낸다.

서화석

박석균

산성터다. 1998년 강릉원주대학교 조사팀이 괘방산 동남쪽 3.2km 지점, 고려성지(高麗城址) 조사과정에서 발견하였다. 괘방산성은 정동진에서 안인에 이르는 해안선을 따라 축조되었다. 왜구의 침입을 막기 위해 만든 성터라고 한다. 영동화력발전소 건설 당시 이곳 산성터에 남아있는 벽돌을 석재로 사용했다는 얘기도 있다. 아쉽고 안타까운 일이지만 그때는 먹고 사는 일이 먼저였다. 아름다운 호수와 산성은 경제발전 앞에 속수무책으로 무너져 내렸다.

삼우봉 삼거리다. 등명낙가사(燈明洛迦寺) 갈림길이다. 등명낙가사는 신라 선덕여왕 때 자장율사(590−658)가 지었다. 원래 이름은 수다사(水多寺)였으나 신라 말기 병화(兵禍)로 소실되었다가, 고려 초기 건립하여 등명사(燈明寺)로 개칭하였다. 조선의 숭유억불(崇儒抑佛) 정책으로 폐사되었다가, 1956년 다시 지어 등명낙가사(燈明洛迦寺)로 명명하였다. 등명낙가사

등명낙가사 일주문

는 광화문에서 볼 때 정동 쪽에 있고 해와 달의 정기를 받는다고 했다. 권력자의 입장에서는 목에 가시처럼 거슬렸다. 폐사 명분은 이랬다. “임금 눈에 안질이 생겨 점술가에게 물었더니 동해 용왕이 노해서 그렇다. 용왕의 진노를 달래고 임금의 안질을 치료하기 위해서 어쩔 수 없이 절을 없애야겠다.”

명분은 만들기 나름이다. 코에 걸면 코걸이요, 귀에 걸면 귀걸이다. 권력자의 눈 밖에 나면 살아남지 못한다. 그때는 시골에 있는 절 하나 없애는 건 일도 아니었다.

괘방산(掛榜山, 345m)이다. 산 아래 등명낙가사에서 공부하던 양반 자제가 과거에 급제하면 이곳으로 올라와 두루마기에 이름을 써서 나무에 걸어놓았다고 한다. 등명낙가사와 괘방산은 1996년 북한 잠수함 침투사건 전까지는 알려지지 않았는데, 유명세를 타고 있다.

답사의 기본은 메모와 사색이다.

정동진 가는 길에 군데군데 시커먼 흙이 눈에 띈다. 정동진이 유명해 지기 전까지는 주변에 석탄을 쌓아 놓은 저탄소가 있었고 무연탄을 채굴하던 광산도 있었다. 1962년 11월 문을 연 정동진역은 석탄운송 기지 역할을 했으나, 1989년 정부의 석탄산업 합리화조치로 인구가 급격히 줄어들면서 간이역으로 명맥만 유지하였다. 그런데 1994년 '모래시계' 드라마 촬영지로 전파를 탔다. 정동에서 오래 살았던 임서정은 "모래시계 덕분에 저탄소가 없어지고 마을 전체가 몰라보게 깨끗해졌다"고 했다. 드라마의 힘은 크다. 강릉은 곳곳이 드라마나 영화 촬영지다.

당집

당집이다. 신을 모셔놓고 제사 지내는 신당(神堂)이다. 당집은 굿판을 벌이는 굿당, 약수터에 세워진 용신당(龍神堂), 산신도를 모셔놓은 산신당, 무신도(巫神圖)를 모셔놓은 무신당, 촌락을 지키는 수호 신당이 있다. 조선의 민초들은 억울한 일이 생기면 어디

가서 하소연 하고 위로받을 수 있는 곳이 없었다. 당집은 그런 곳이 아니었을까?

조선 말기 동학이나 서학(천주교)이 민초들 사이에 퍼져 나간 이유가 무엇이겠는가? 정치는 국민의 눈에서 눈물을 닦아주고 희망을 줘야 한다. 유교는 양반들에게는 수신과 입신양명 수단이었지만 민초들에게는 삶을 옥죄는 차꼬였다.

이경희가 오미자차를 내놓는다. 김태국은 먹기 좋게 자른 오이를 내놓았다. 엊저녁 주문진 누나 집에서 가져왔다고 했다. 무척 달고 시원하다. 김태국은 큰 병을 앓았다. "휴직 내고 직장 떠나서 1년 정도 살아 보니 직장이 얼마나 소중하고 고마운 존재인지 알게 되었다. 무조건 감사하며 살고 있다"고 했다. 서화석은 "퇴직 후 해외여행도 다녀오고, 친구들과 술도 한잔하고, 늦잠도 자곤 했지만 그것도 하루 이틀이지 점차 무력감이 들기 시작했다. 마침 박석균이 초청해줘서 나오게 되었다"고 했다. 경험하지 않고 깨달을 수 있다면 얼마나 좋겠는가?

정동진 가는 길. 이경희와 임서정이 뒤처진다. 가다 쉬다를 반복하며 힘겨워한다. 이경희는 "난 갈 수 있다"는 말을 반복하며 한 발 한 발 올라간다. 심원용이 스틱을 내밀어 이끌어 준다. 내가 힘들 때 손을 내밀어 주는 사람이 있다는 건 얼마나 고마운 일인가.

아재(?) 10여 명이 모여 앉아 바람을 쐬고 있다. "서울공대 80학번 모임이다. 민주화운동 시절 모두 한두 번씩 감옥에 갔다 왔다"고 했다. 〈한겨레신문〉 경제부 김정수 기자도 있다. "엊저녁 정동진에서 술 한잔하고 일찍 산에 들었다. 친구들과 옛날얘기하며 함께 걸으니 참 좋다"고 했다. 그 시절 대학생의 의기와 희생은 민주화의 밑거름이 되었다. 산업화와 민주화 시대를 지나오면서 희생하고 헌신한 자들을 기억하고 감사해야 하는 이유다.

들꽃이 형형색색 무리지어 피어있다. 고 최민순 신부의 '두메꽃'이 생각난다.

외딸고 높은 산골짜구니에 살고 싶어라 / 한송이 꽃으로 살고 싶어라 / 벌 나비 그림자 비치지 않는 첩첩산중에 / 값없는 꽃으로 살고 싶어라 / 햇님만 내 님만 보신다면야 / 평생 이대로 숨어 숨어서 피고 싶어라.

무소유를 실천하며 살았던 법정 스님과 고통 받는 자의 눈물을 닦아 주었던 김수환 추기경도 생각난다. 더 높이, 더 많이, 더 오래 누리려다 추하게 지는 꽃들이 얼마나 많은가? 탐욕의 끝은 어디쯤일까? 꿈꾸듯 세상을 바라보면 마음의 공간을 우주까지 넓힐 수 있을 텐데. 버리고 비우고 내려놓으면 가벼워질 텐데. 알면서도 실천하지 못하는 건 왜 그럴까?

정동진이다. 임서정은 드러누웠고, 박부규와 오향숙은 거뜬하다. 나는 '완장의 힘'으로 겨우 버텼다. 김광진도 옆구리가 결린다고 했다. 34도 무더위에 4시간 반 걸음을 인도했던 홍동호는 점심 먹고 또 걷는다고 했다. '홍 총각'과

곰취, 회무침, 막국수

'김 예순'의 차이다.

솔밭식당이다. 최제무가 추천한 맛집이다. 오향숙이 곰취를 가져왔다. 박말숙은 나물을 씻고 가자미 무침을 만들었다. 산딸기로 담근 복분자주도 가져왔다. 복분자주를 물인 줄 알고 연거푸 세 컵이나 먹은 홍동호와 서화석은 얼굴이 불콰하다. 최제무가 밥값을 계산하려 했지만 막았다. 첫 마음 잃지 않고, 원칙을 지키는 일은 쉽지 않다.

길에는 주인이 없다. 걷는 사람이 주인이다. 24년 전 안보등산로에서 벌어졌던, 쫓고 쫓기며 죽고 죽여야 했던 분단의 비극이 다시는 되풀이 되지 않기를 빈다. 우리는 왜, 무엇 때문에, 누구를 위해 싸워야 하는가? 죽은 자는 말이 없다. 그들은 살기 위해 싸웠고, 결국 죽었다. 이데

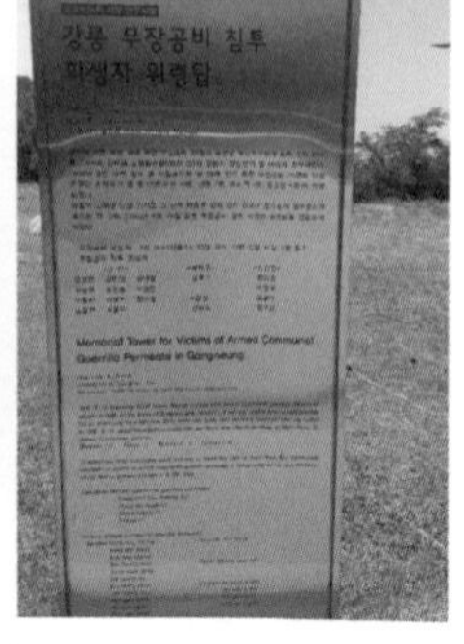

통일전시관 입구 희생자 위령탑

올로기와 권력 싸움은 계속될 것이고 또 누군가는 희생양이 될 것이다. 싸움을 부추기는 자는 누구이고 말리는 자는 누구인가? 싸움이 멈추고 DMZ에 평화의 음악소리가 울려 퍼질 날은 언제쯤일까? 북한 잠수함 침투사건으로 유명(幽明)을 달리한 희생자들의 명복을 빈다.

후 기

24년 전 일어났던 북한 잠수함 무장공비침투사건기록을 살폈다.
〈나무위키〉, 〈위키백과〉, 〈통일부 공식 블로그〉, 〈경향신문〉, 〈한국일보〉, 〈MBC〉, 2사단 31연대 7중대 소속으로 수색작전에 참가했던 어느 병사의 일기, 생포된 무장공비 이광수의 증언, 이종갑 소령의 인터뷰 등을 참고했다. 같은 사실도 보는 사람에 따라 달랐고, 발표부서에 따라 달랐다. 조금 다르면 어떻겠는가? 중요한 건 지금 이 땅의 평화가 그냥 저절로 주어진 게 아니며, 선조들이 피 흘리며 목숨 바쳐 지켜왔다는 사실을 기억하자는 것이다.

안보전시관과 함정전시관도 다녀왔다. 무장공비가 입었던 낡은 팬티와 티셔츠를 오래 들여다보았다. 젊고 탄탄한 주인의 몸과 함께했던 옷이다. 카세트테이프도 있었다. 깊은 바다 속에서 고향과 가족을 그리워하며 흥얼거리던 목소리가 들려오는 듯했다. 손바닥만 한 작은 변기통도 있었다. 스물여섯 명 젊은 목숨들이 매 끼니를 먹고 배설했던 공간이었다. 백문불여일견(百聞不如一見)이다. 강릉에 오시면 꼭 한 번 들러 가시라.

Baugil Course

13.5km

9구간 _ 헌화로 산책길

헌화로 산책길은 해가 가장 바른 동쪽에서 뜬다는 정동진역에서부터 출발합니다. 역에 기차가 도착하면 플랫폼 바로 앞에서 들리는 파도소리와 함께 드라마 '모래시계'의 주제곡이 울려 퍼집니다. 정동진에서부터 이어지는 헌화로는 신라 향가 헌화가의 무대가 되는 기암절벽 옆길로, 방파제 너머로 달려온 파도가 길을 흥건히 적십니다. 사랑하는 사람과 함께 걷다보면 정말 누구라도 꽃을 바치고 싶어집니다.

모래시계와 부대찌개

"우석아! 나 지금 떨고 있니?"

1995년 〈SBS〉 TV 드라마 '모래시계'에서 사형집행을 앞둔 태수가 친구였던 검사 우석에게 했던 명대사다. 〈SBS〉가 광복 50주년 특별기획으로 제작한 '모래시계'는 주연배우 최민수, 박상원, 고현정은 물론 김종학 PD와 송

고현정 소나무

지나 작가도 스타덤에 올려놓았다.

'모래시계'는 평균시청률 50%를 기록하며 '귀가시계'로 불리었다. 정동진역 소나무도 '고현정 소나무'로 명명(名銘)되었다.

사람만 아니라 나무 팔자도 시간문제다.

하루 평균 20~30명이 오가던 간이역 정동진에 사람들이 몰려오기 시작했다. 음식점이 들어서고 관광버스가 줄을 이었다. 집값과 땅값도 뛰었다. 썬크루즈 호텔도 들어오고 진입로도 확장되었다. 정동진만 아니라 안인진과 등명낙가사, 바다부채길, 헌화로(獻花路)도 관광코스가 되었다. 바우길 9구간은 정동진역~모래시계공원~심곡항~헌화로~금진항~옥계를 잇는 13.5km 바닷길이다. 헌화로는 2015년 국토교통부가 선정한 '한국의 아름다운 길 100선'과 해양수산부가 선정한 '바닷길이 펼쳐지는 해안도로 베스트 5선'에 선정되었다.

정동진 모래시계 앞에서

모래시계공원이다. 모래시계공원은 강릉시에서 삼성전자의 지원을 받아 2000년 1월 문을 열었다. 밀레니엄 모래시계는 레일 바탕에 둥근모양이며, 유리에는 십이지신상을 새겼다. 레일은 시간의 무한성, 둥근 모양은 동해 일출, 십이지신은 시간을 상징한다. 모래가 다 떨어지는 데는 1년이 걸린다. 모래는 과거, 현재, 미래를 뜻한다.

시인 안도현은 '바닷가우체국'에서 "우체국에서 편지 한 장 써보지 않고 인생을 안다고 말하는 사람들을 또 길에서 만난다면 나는 편지 봉투의 귀퉁이처럼 슬퍼질 것이다"라고 했다. 손편지를 쓰면 상처받은 마음이 치유되고, 미움과 분노가 가라앉는다. 잊고 있었던 유년의 아름다운 추억도 불러온다. 손편지는 '빨리빨리'에 길들여진 일상에 쉼표와 여유를 제공한다.

김정운은 《바닷가 작업실에서는 전혀 다른 시간이 흐른다》에서 "조급함은 죽음에 이르는 병이다"고 했다. 커피 한 잔 먹을 시간에, 사랑하는 사람을 떠올리며 손편지를 써보자. 봉투를 사서 받는 사람을 적고 우표를 붙여 우체통에 넣어 보내자. 손편지를 써 본지 얼마나 되었는가? 아니, 손편지를 받아본지 얼마나 되었는가? 손편지가 그리운 시대다.

썬크루즈 호텔과 기마봉 가는 길이 갈린다. 기마봉 주산은 고성산이다. 박석균은 "고성에서 떠내려 온 산이다. 친구가 할아버지한테 들은 얘기인데 장마 때 떠내려 와서 고성 사람들이 가지러 왔다가 못 가져갔다"고 했다. 전설에는 고단한 삶을 살아냈던 민초들의 소망과 기원이 담겨있다.

꾀꼬리버섯이다. 최선권은 "꾀꼬리버섯 된장국을 끓여주던 어머니 생각이 난다"고 했다. 맛이나 냄새, 풍경은 잠들어있던 기억을 일깨운다. 치매 치료에 도움이 되지 않을까?

산 얘기를 하다가 책 얘기가 나왔다. 박말숙은 필자의 졸저 백두대간 종주기 《아들아! 밧줄을 잡아라》를 읽고 "리얼했다. 어린 아들이 어떻게 그렇게 오랫동안 멀고 힘든 길을 따라 다녔는지 상상이 안 된다. 아들 친구 구인이와 함께 소백산 구인사를 넘던 모습이 감동적이었다"고 했다. 독자의 칭찬은 작가를 들뜨게 한다. 말의 힘은 강하다. 말에도 영혼이 있다.

아들과 함께한 백두대간 8년을 마무리하며

잠시 휴식이다. 최제무와 유연교가 호박식혜와 호박양갱을 내어놓는다. 유연교는 올 때마다 새로운 음식을 가져온다. 음식 안에 섬세하고 따스한 정(情)이 배어있다. 호박식혜가 목구멍을 타고 넘어올 때 고단했던 몸이 들꽃처럼 피어난다. 음식을 나누며 파안대소(破顔大笑)하는 광경이 길 위에 펼쳐진다. 유연교는 강릉우체국 바우회 매직셰프(Magic chef)다.

기마봉이다. 삿갓봉과 심곡항 갈림길이다. 삿갓봉에 오르면 전망이 좋다는 말에 다섯 사람이 올라간다. 바다부채길을 에돌아 걷는다.

바다부채길은 정동진에서 심곡항까지 계단식 해안 단구로 이루어진 2.86km 탐방로다. 2300만 년 전 땅이 솟아오르면서, 해수면이 80m가량 가

바다부채길 부채바위

라앉아 바다 밑에 퇴적되어 있던 지형이 육지가 되었다고 한다. '탐방로 모양이 바다를 향해 부채를 펼쳐놓은 듯하다'고 해서 소설가 이순원이 '정동심곡 바다부채길'로 명명했다. 이 길은 2004년 4월 9일 천연기념물 제437호로 지정되었다. 바다부채길 전경은 바다부채길 밖에 있다. 누구든지 직장에 있을 때는 직장과 자신의 모습이 보이지 않는다. 머물던 곳을 떠나보면 머물던 곳이 보인다. 때때로 여행이 필요한 이유다.

산길을 내려가자 전망대가 나타난다. 심곡항 전경이 한눈에 들어온다. 의자에 앉자마자 오미자차, 사과, 냉커피가 쏟아져 나온다. 걷는 데는 먹을거리와 사진을 빼놓을 수 없다. 바다를 배경으로 여자들 포즈가 모델이다. 조기완이 점심 예약을 위해 메뉴를 정해주고 줄을 세웠다. 짬뽕, 자장면, 콩국수 줄이 세워졌다. 여섯 명, 일곱 명, 아홉 명이다. 예전 같으면 무조건 하나로 통일했을 텐데, 민주적인 의사결정과정이다. 예전에는 선배나 상사 눈치를 봐야 했다. 이제는 시대가 변했다.

심곡항으로 내려오다 되돌아갔다. 카메라를 놓고 왔다. 긴 오르막을 숨차게 올라갔다. 삿갓봉을 다녀오지 않았던 게 이렇게 돌아오는구나 싶었다. 인생에 지름길은 없다. 아무리 힘들어도 건너뛰면 안 된다. 소설가 김영하는 《여행의 이유》에서 "뒤통수로 얻어맞는 것과 같은 각성은 대체로 예상치 못한 순간에 찾아온다"고 했다.

심곡항(深谷港)이다. '마을 모양이 종이를 바닥에 깔아놓은 듯 평평하고 붓이 있는 형국이어서, 이곳에 묘를 쓰면 글 잘하는 선비가 난다'는 전설이 있다. 고기 잡는 어부보다 글 쓰는 선비가 꿈이었던 시대를 지나왔다. 나이 먹으며 깨닫는 것은 손발을 움직여 무엇을 만들고, 만든 것을 나눔으로써 남에게 도움을 주고 기쁨을 느끼는 일이 좋은 직업이 아닐까 싶다. 체험 없는 지식은 몽상이요 관념에 불과하다. 마을 뒤쪽에 서낭당이 있다. 《강릉시사(江陵市史)》에 이야기가 나온다. 1989년 6월 20일 강릉시 강동면 심곡리에 살았던 황기수(당시 58세) 씨가 구전되어 내려오던 이야기를 전해주었다.

"200년 전 마을에 사는 노인(이학도) 꿈속에 함경도 길주 명천에서 온 여인이 나타나 정동진과 심곡 사이에 있는 부채바위에 표류하고 있으니 구해달라고 했다. 이튿날 새벽, 배를 타고 부채바위에 가보니 나무 궤짝이 걸려있었다. 궤짝을 건져 열어보니 여자 화상이 그려진 종이가 나왔다. 이 화상을 부채바위에 안치했는데 여인이 다시 꿈에 나타나 외롭다고 했다. 그래서 화상을 숲속으로 모시고 와서 1897년 성황당을 개축하여 지금에 이르고 있다."

심곡항에서 금진항을 잇는 헌화로(獻花路)다. 헌화로는 신라 성덕왕 때 강릉 태수로 부임하던 순정공(純貞公)이 부인 수로(水路)와 함께 길을 지나던 중 절벽 위에 핀 철쭉을 꺾고 싶었으나 위험하다고 나서는 사람이 없었다. 마침 소를 끌고 가던 어느 노인이 꽃을 꺾어 부인에게 바치면서 부른 노래가 헌화가다. 예전에는 그냥 해안도로였는데, 길을 만들고 이름을 붙이니 관광 상품이 되었다. 지금은 '스토리텔링'시대다. 이야기꾼이 각광받는 시대다. 바우길 곳곳이 '스토리 천국'이다. 삼척 '수로부인 헌화공원'에도 수로부인과 순정공 상이 세워져 있다. 스토리 경쟁이다. 자자체간 중복투자는 중앙정부에서 교통정리를 해주어야 한다.

가드레일 너머 오랜 풍화 작용으로 구멍이 숭숭 난, 벌집 바위 앞에 아이들이 모여 있다. 강릉 문성고등학교 1학년 학생과 지구과학 교사의 '풍화혈(風化穴, Tafoni)' 수업 현장이다. 책만 보고 아는 것과 현장을 직접 보고 아

벌집처럼 구멍이 숭숭 나 있는 풍화혈

합궁골

는 것은 다르다. 이론 학습과 현장 학습을 병행해야 한다.

합궁(合宮)골이다. 남자 성기 같은 바위가 우뚝 솟아 있고 그 뒤로 움푹 팬 골짜기가 여자 성기 모양이다. 부부가 함께 와서 떠오르는 해를 보며 정성스럽게 기도하면 아기를 갖게 된다는 이야기가 전해진다. 골 입구에 노부부가 텐트를 치고 있다. “연세 드신 분이 왜 여기에?” “친구 아들 부부가 온다고 해서요.” “여기서 기를 받고 가면 아이가 생긴다고 해서 친구가 특별히 부탁했습니다.” 옆에 있던 최선권이 거시기(?) 옆에 앉았다. 최선권이 앉은 이유가 뭘까? 합궁골은, 이정표는 있으나 자세히 들여다보지 않으면 스쳐지나가기 쉽다. 이곳에서 부부가 동해 일출을 바라보며 간절한 마음으로 기도하면 잉태가 된다고 한다.

길옆 포장마차다. 대게 칼국수로 유명한 ‘항구 마차’다. 최제무는 ‘한국인의 밥상' 최불암도 다녀갔다고 했다. '넘어진 김에 쉬어가라'고 가자미무침과 막걸리를 주문했다. 식사 후 유연교가 남은 호박식혜와 어젯밤에 내린 커피를 나눠준다. 부부가 함께 오기도 어려운데 음식까지 준비해오니 정성이 대단하다. 김태국은 "우리 부부는 40년 가까이 살았지만 이런 일은 꿈도 못 꾼다"고 했다. 사람마다 집집마다 처한 상황이 다르다. 괜찮다. 건강하게 걷고 있는 것만 해도 고맙고 감사한 일이다.

금진항 가는 길. 해변 모래 위에 노란 실새삼과 갯메꽃이 무리지어 피어 있다. 실새삼 씨는 토사자(菟絲子)다. 《본초강목(本草綱目)》에는 "소변이 시원하게 나오고, 어혈을 없애주며, 허리통증이 사라진다. 무릎 시린 증상을 치료하며, 오래 먹으면 기미가 없어지고 눈이 밝아진다"고 했다. 이 말만 들으면 그야말로 만병통치약인데 사람마다 체질이 다르니 맹신할 수는 없는 일이다.

실새삼

금진항이다. 《강릉시사》에 따르면 "땅이 검어서 흑진(黑津), 묵진(墨津)으로 불렸다. 1916년 행정구역 조정 때 건남리(建南里)와 합쳐 금진(金津)이라 명명했다. 마을 뒷산이 쇠금(金) 모양이라서 금진이라 부르게 되었다는 말도 있다"고 했다. 김성호가 말했다. "항구 풍경이 낯익지 않나요?" 고기 말리는 냄새, 미역 냄새 등 비릿한 냄새가 바람을 타고 스며든다. 냄새를 맡으니 고향 집 뜨끈뜨끈한 아랫목에서 군용담요를 뒤집어쓰고 말라가던 오징어 모습이 떠오른다. 냄새는 추억을 불러온다. 어릴 때 한 번 각인된 냄새는 평생 기억을 지배한다. 심리학자 김정운은 "내겐 유학 가면서 처음 탔던 루프트한자 승무원의 향수 냄새가 독일이다"라고 했다.

대문 페인트칠이 벗겨지고, 지붕 한쪽이 내려앉은 포구 민가에 목줄이 묶인 백구가 꼬리를 흔들며 낑낑댄다. 얼마나 몸부림쳤던지 흙이 동그랗게 파여 있다. 가까이 다가가자 발등을 핥으며 낑낑대며 달려든다. 머리를 만져주자 배를 땅에 대고 넙죽 엎드리며 꼬리를 세차게 흔든다. 백구는 내가 일어서려는 순간 벌떡 일어나 손을 핥으며 가지 말라고 애원한다. 백구야, 다음 생은 바닷가 모래사장을 마음껏 뛰어다니는 건강한 청년으로 태어나렴. 이별 앞에 서니 도종환 시인의 '접시꽃 당신'이 생각난다.

"오늘도 또 하루를 살았습니다 / 낙엽이 지고 찬바람이 부는 때까지 / 우리에게 남아있는 날들은 참으로 짧습니다 / 우리가 버리지 못했던 보잘것없는 눈 높음과 영욕까지 / 이제는 스스럼없이 버리고 / 내 마음의 모두를 더욱 아리고 슬픈 사람에게 줄 수 있는 날들이 / 짧아진 것을 아파해야 합니다 / 남은 날은 참으로 짧지만 / 남겨진 하루하루를 마지막 날인 듯 살 수 있는 길은 / 우리가 곪고 썩은 상처의 가운데에 / 있는 힘을 다해 맞서는 길입니다."

옥계 가는 길. 이학재가 다가왔다. 그는 프로축구선수였다. 축구지도자 자격증도 있다. "축구선수는 수명이 짧습니다. 주전으로 못 뛰고 1년 정도 벤치에 앉아 있으면 그만둬야 합니다. 10대가 치고 올라오는데 후보로 있으면 창피하기도 하고 걸림돌이 됩니다. 운동하다 그만두고 나면 마땅히 할 게 없습니다. 친구 한 명은 스마트 폰 대리점을 하는데 신통찮습니다. 또 한 명은 성공한 경우인데, 영국에서 축구팀 코치를 하고 있습니다. 그는 선수를 그만두고 축구지도자 자격증부터 시작해서 축구 관련 자격증이란 자격증은 모두 땄습니다. 미리미리 준비해야 합니다." 이어서 그는 "좁은 땅덩어리 안에서 몇 개 안 되는 자리를 놓고 싸우면서 기회를 잡으려다 보니 연줄을 동원해야 하고, 어렵사리 기회를 잡았다 하더라도 축구보다 사람 관계에 더 신경을 써야 합니다. 조금만 무슨 일이 생겨도 견제가 들어오고 뒷담화가 무성해, 배겨내지 못하고 자리를 내놓게 되는 게 현실입니다"라고 했다. 이제는 축구지도자도 해외로 나가야 한다. 베트남 축구 국가대표 감독 박항서를 보라. 박세리, 손흥민, 김연아, 방탄소년단을 보라. 모두 해외로 나가서 치열한 경쟁을 뚫고 기회를 잡은 사람들이 아닌가?

이어서 최선권이 다가왔다. "에버리치밴드 상의(上依)를 교체해 주었으면 합니다. 옷은 직장의 상징인데 공연하러 나가면 분위기와 맞지 않고 로고도 없습니다. 산뜻한 로고를 넣은 옷을 입고 자랑스럽게 연주하고 싶습니다." 최제무도 다가왔다. "눈비가 오거나 동료가 연차나 병가 등으로 자리를 비웠을 때 이리저리 뛰어다니다 보면 마음이 조급해지고, 서두르다 보면 안전사고가 납니다. 휴가를 가라고 하는데, 팀원이 한두 명 빠지면 휴가를 가고 싶어도 갈 수가 없습니다. 우편물 배달에 대해 팀장에게 재량권을 주면 좋겠습니다." 바우길은 고충 처리소다. 바우길이 아니었으면 어디에서 이렇게 진솔한 얘기를 들을 수 있겠는가?

철썩이는 파도소리가 들려온다. 시인 안도현은 '바닷가 우체국'에서 "때로 외로울 때는 파도소리를 우표 속에 그려 넣거나, 수평선을 잡아당겼다가 놓았다가 하면서, 나도 바닷가 우체국처럼 서서히 늙어갔으면 좋겠다"고 했다. 문득 '소리 나는 우표'를 만들 수는 없을까? 하는 생각이 들었다. '향기 나는 우표'만이 아니라 물소리, 바람소리, 파도소리를 담은 '소리 나는 우표'말이다. 모든 처음은 엉뚱하다. 생각해보면 안 되는 이유가 수백 가지다. 무슨 아이디어가 떠올라도 "에이, 이게 되겠어!"라고 하며 스스로 없애버리고 만다. 조직이 성장하고 발전하려면 엉뚱한 아이디어가 샘물처럼 퐁퐁 솟아나고 아이디어를 여과할 수 있는 장치가 힘차게 가동되어야 한다. 첫술에 배부르지 않는다. '국민배우' 김혜자는 2019년 6월 8일 〈조선일보〉와의 인터뷰에서 "뭘 얻고 싶으면 뭘 해야 한다. 날개는 누가 달아주는 게 아니다. 내 살을 뚫고 나와야지 아무것도 열심히 안 하고 멋있어지길 바라면 안 된다"고 했다.

김태국과 홍동호가 대청봉 이야기로 뜨겁다. 김태국은 대청봉에 오르는 게 꿈이라고 했다. 그는 대청봉에 오르기 위해 주말마다 산길을 오르내린다고 했다. 지난 주말 소금강에서 노인봉을 올랐는데, 도중에 현기증이 나서 한참을 앉아 있었다고 했다. 무슨 일이든 한 번에 되는 법은 없다. 홍동호는 김태국이 대청봉을 오르면 같이 오르겠다고 했다. 대청봉 우체통 앞에서 인증 샷

솔밭길에서 이야기꽃이 피어난다.

을 찍어오겠다는 소박한 꿈이 꼭 이루어졌으면 좋겠다(김태국은 2019년 10월 마침내 대청봉에 올랐다).

종착지 옥계(玉溪)다. '구슬 같은 계곡'에 시멘트 공장이 들어섰다. 먹고살기는 나아졌는지 몰라도 '자병산(紫屛山)'이 깎여나가 흔적도 없이 사라졌다. 백두대간 백복령에서 바라본 한라시멘트 채석장 현장은 참담하다. 자연을 보존하는 방법은 그대로 놔두는 것이다. 자연은 인내의 한계를 넘어서면 소리를 지른다. 홍수, 가뭄, 전염병은 모두 인간이 자초한 것이다.

예약한 식당이 만원이다. 문밖까지 줄을 섰다. 예약을 취소하고 식당을 바꾸었다. 인생은 계획대로 되지 않는다. 영화 '기생충'에서 아버지 기택(송강호)이 아들에게 하던 말이 생각난다. "가장 완벽한 계획이 뭔지 알아? 무계획이야. 계획이 없으면 실패하지 않아." 점심은 부대찌개다. 김현이 김성호에게 물었다. "부대가 무슨 뜻이에요?" "아, 그거, 밀리터리(Military), 오케이?" 김현이 고개를 끄덕였다. 어떤 땐 영어 한마디가 세대 차이를 뛰어넘는다. 《90년생이 온다》 저자 임홍택은 90년생에 대해 이렇게 말했다. "90년생의 공통적인 특징은 길고 복잡한 것을 좋아하지 않는다. 이 세대를 이해할 수 있는 첫 번째 키워드는 '간단함'이다. 언어습관에서는 축약형 은어인 '줄임말'이 자주 나타난다. 줄임말은 단순히 그들만이 공유하는 문화를 넘어 언어 전체에 영향을 미치고 있다."

60년생과 90년생은 살아온 시간의 무늬가 다르다. 세대 차이를 인정하며 자연스럽게 살아가자. 사람은 좀처럼 바뀌지 않는다. 자신의 눈높이에 맞춰 억지로 바꾸려 들면 바뀌지도 않고 힘만 든다. 그냥 있는 그대로, 생긴 모습 그대로 인정하며 살아가자. 인생이라는 무대에는 각자에게 맡겨진 역할이 있다. 남이 뭐라 하든, 무대에 불이 꺼질 때까지 맡겨진 배역에 충실하며 열심히 사는 게 행복한 삶이 아닐까? 밥 먹을 땐 밥 먹는 생각만 하고, 길 걸을 땐 길 걷는 생각만 하자. 카르페 디엠(Carpe diem).

후기

바우길을 다니다가 문제가 생기지 않을까 지켜보는 자가 있다고 한다. 괘념치 않는다. 얻어먹고, 폼 잡고, 강제하지 않는다. 가치 있고 의미 있는 일에는 시기하고 질투하는 자가 있기 마련이다. "로마군단이 달리기를 멈추는 순간, 로마제국은 쇠락하기 시작했다." 연세대 교수 김상근의 말이다.

Baugil Course

11km

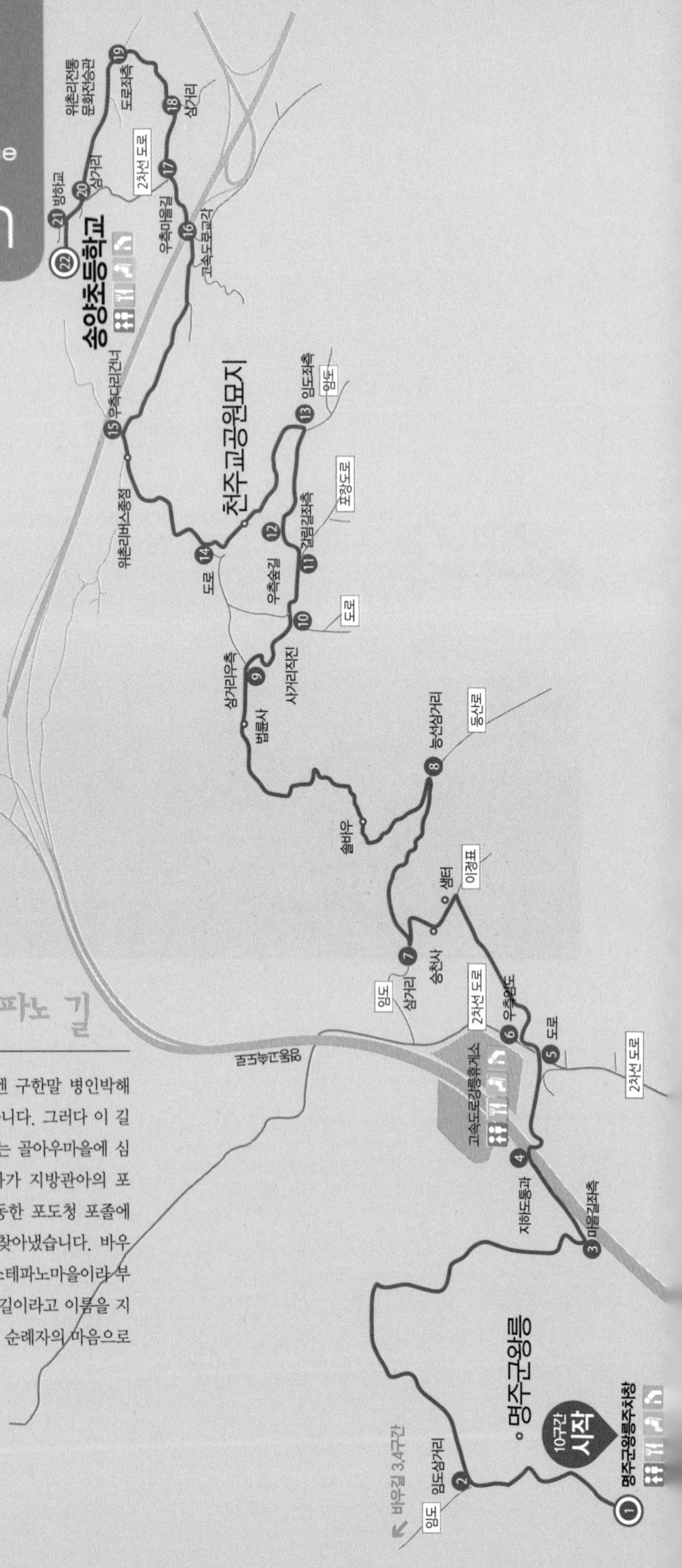

10구간_ 심스테파노 길

강원도 원주와 횡성 동쪽엔 구한말 병인박해 때의 천주교 성지가 없었습니다. 그러다 이 길을 탐사하며 이 길이 지나는 골아우마을에 심스테파노라는 천주교 신자가 지방관아의 포졸이 아니라 서울에서 출동한 포도청 포졸에게 잡혀가 순교한 마을을 찾아냈습니다. 바우길 탐사대는 이 마을을 심스테파노마을이라 부르고, 이 길을 심스테파노 길이라고 이름을 지었습니다. 순교자를 기리며 순례자의 마음으로 걷는 길입니다.

너는 어느 쪽이냐?

요즘은 길 백화점 시대다. 기차역, 지하철, 버스터미널 등 곳곳마다 여행 광고가 넘쳐난다. 사람들이 찾아오게 하려면 교통편은 물론이고 볼거리와 먹을거리, 잠자리까지 두루 갖춰야 한다. 또 있다. 스토리다. 길마다 스토리는 넘쳐나는데, 스토리를 발굴하고 정리해서 알려주는 자는 적다. 공무원은 바

길마다 표정이 있다.

뻐고, 문인이나 예술가는 잘 나서지 않는다. 길 스토리텔러는 자연과 인간에 대한 사랑 없이는 할 수 없다.

이순원은 2019년 6월 26일 춘천 축제극장에서 열린 토크쇼 '춘천을 보다'에서 "춘천은 수도권 접근성이 좋고 강산이 어우러진 석파령 등 길도 아름답지만, 춘천 사람들이 안 걸으면 세상 사람들도 안 걷는다. 춘천에는 많은 작가가 있다. 문인들이 나서면 스토리텔링에 도움을 줄 수 있다. 나는 글로 '은비령'을 만들었지만, 발로 만든 길은 바우길이다. 4년 동안 한 주도 거르지 않고 바우길을 걸었다. 길은 걷기 안 좋아서 망하지 않는다"고 했다.

춘천만 아니라 강원도는 곳곳마다 명품 길 요소를 갖추고 있다. 앞 다투어 길만 만들 게 아니라 스토리를 정리해서 알리려는 노력이 필요하다. 길은 하드웨어요, 스토리는 소프트웨어다.

천주교 103위 순교성인

바우길 10구간은 명주군왕릉~천주교 공원묘지~위촌리 송양초등학교에 이르는 11km 금강소나무 숲길이다. '심스테파노 길'이다. '스테파노'는 예수의 열두 제자를 도와 과부에게 음식을 나누어주고, 교회 재산을 관리하던 지혜와 성령이 충만한 일곱 부제(副祭) 중 한 사람이었다. 그는 유다인들이 성 밖으로 끌어내어 돌로 쳐 죽였던 최초의 순교자였다. 이 길은 천주교 병인박해(1866-1870) 때 강릉 '골아우'에 숨어 살다가 체포되어 죽임을 당했던 '심스테파노'를 기념하여 만든 순례길이다.

그렇다면 강원도에 천주교가 전래되기 시작한 때는 언제일까? 가톨릭 관동대 교수 김남현은 '영동지역 천주교 시원(始原)과 사목활동'에서 "1791년 신해박해(정조 15년 일명 진산사건) 직후다. '땀의 순교자' 최양업 신부 숙부인 최한기가 신해박해를 피해 가족을 데리고 서울에서 홍천으로 이사 온 것이 복음 전래의 시초다. 이들은 홍천 학익동과 횡성 풍수원에 모여 살았다. 1801년 신유박해 때 천주교 신자들은 가족 단위로 경상도와 강원도 산간오지로 피신하게 되었다"고 했다.

강릉에 천주교 성당이 처음 세워진 것은 언제일까? 1987년 《서울교구연보》, 《뮈텔 주교일기》, 《강릉시사》에 따르면 "강릉지역은 처음엔 조선교구였다가 1920년 8월 5일 원산대목구, 1921년 5월 29일 서울교구로 바뀌면서, 교구장이었던 뮈텔 주교가 영동지역 초대 본당 주임신부로 최문식(베드로)을 임명했고, 그가 12월 2일 구정면 금광리 공소 신자들의 요청으로, 보좌신부 이철연(방지거)을 파견하면서 부터"라고 했다. 뮈텔(Gustave Charie Mutel, 1854-1933)은 제8대 조선교구장(1891-1911)과 서울교구장(1911-1933)을 지냈다.

비온 뒤 숲이 촉촉하고 말랑말랑하다. 땅바닥도 이불을 밟는 듯 폭신폭신하다. 임서정이 갑자기 "이런 날엔 살모사가 나오기 쉽다. 조심해야 한다"고 겁을 주었다. 최선권이 장모 얘기를 꺼냈다. "삼척 근덕에 사는 장모는 올해 여든네 살인데 뱀을 잘 잡습니다. 지난해엔 뱀을 잡아서 술을 담가놓았다고 가져가라고 했습니다. 장모는 누에도 키우고, 돌배를 따서 엑기스도 만들어 줍니다"라고 했다. 씩씩하고 인정 많은 장모를 둔 최선권은 복 많은 남자다. 박말숙은 임서정에게 "등산화를 신으면 두꺼운 양말을 신어야 한다. 얇은 양말을 신고 오래 걸으면 엄지발톱이 새카맣게 죽는다"고 했다. 사랑은 이렇게 구석구석 구체적이다. 길이 교실이다. 길 위에선 누구나 선생님이 되고 누구나 학생이 된다.

영동고속도로 강릉휴게소다. 며칠 전 조기완이 바우길 사무국에서 받아 온 비옷을 꺼냈다. '지구를 진동시켜라' 로고가 선명하다. 홍동호에게 입혀 보니 제격이다. 모든 물건은 주인이 따로 있다. 홍동호 표정이 해님이다. 좋아하는 모습을 보니 나도 덩달아 해님이다.

승천사 가는 길가에 야관문과 우리 밀, 메타세쿼이아가 한 줄이다. 김광진이 풀과 꽃 이름을 척척 알아맞힌다. 근묵자흑(近墨者黑)이다. 식물 박사 옆에 있으니 귀동냥을 하게 된다. 박부규와 이학재가 군대와 축구선수 시절 얻어맞던 이야기를 꺼냈다. 박부규는 전투경찰 시절 "하루라도 얻어맞지 않으면 잠이 안 왔다. 총 개머리판으로 가슴팍을 얻어맞는 건 기본이고 시도 때도 없이 빠따(?)를 맞았다"고 했다. 이학재는 축구선수 시절 "선배한테 툭하면 얻어맞았고, 어떤 때는 밤에 불을 꺼놓고 캄캄한데서 어디서 날아오는지도 모르는 주먹을 맞았다"고 했다.

요즘은 군대나 스포츠 분야에서 구타가 거의 사라졌지만, 그 시절에는 욕설과 폭력이 난무했고, 그것을 문제 삼지도 않았다. 평창동계올림픽이 끝나고 스피드스케이팅 선수 심석희가 코치로부터 당해왔던 폭력의 시간을 털어놓았을 때 우리는 얼마나 놀랐던가?

매 맞고 자란 아이는 부모가 되면 똑같이 아이에게 폭력을 행사한다고 한다. 주먹만 아니라 욕설과 악다구니도 폭력이다. 바우길은 가슴속 응어리와 상처를 드러내고 치유 받는, 고해소(告解所)요 해우소(解憂所)다.

보라색 모자와 보라색 상의를 입은 '보라색 여자' 남숙자는 숲길이 좋아서 어쩔 줄 모른다. "우리는 열 번 만에 좋은 날을 만났는데 누구는 단 한 번에 이런 날을 만났으니 복도 많네요." "저가 원래 복이 많아요." '복 많은 여자는 넘어져도 가지 밭에 넘어진다'고 했다. 사람 만나는 것도 복이다.

새끼 고라니 한 마리가 쓰러져 있다. 배를 만져보니 온기가 남아 있다. 죽은지 얼마 안 되었다. 눈을 감겨주고 팔다리를 모았다. 가슴에 구절초 한 송이도 얹었다. 고라니 장례식이 치러진다. 조기완이 땅을 팠고, 김성호가 독경을 했다. 나뭇가지를 꽂아 묘비도 만들었다. 바우길에서 만난 새끼 고라니는 죽어서 바우길의 별이 되었다. 착한 사람들이다. '마음이 가난한 사람은 행복하다. 하늘나라가 그들의 것이다.'

고라니 주검

전망대다. 강릉 시내와 정동진, 경포, 주문진을 잇는 해안길이 한눈에 들어온다. 비 갠 뒤 파란 하늘과 긴 수평선이 맞닿아 있다. 언제 보아도 강릉의 바다는 도시인에게는 로망이다. 홍동호가 말했다. "얼마 전 이곳을 왔을 때 안개에 가려 고속도로 교각만 겨우 보였는데, 오늘은 풍경 문을 활짝 열어주네요." 고라니를 묻어주는 착한 마음에 하늘도 감동했나 보다.

도시인에게 강릉은 로망이다.

법륜사(法輪寺)다. 지안(智眼) 스님이 공터에서 부채질을 하고 있다. 김성호가 즉석 인터뷰(?)를 신청했다. 스님은 젊었을 때 검찰사무직 공무원으로 있다가, 스물여덟 살 때 오대산 월정사에서 출가했다. 출가한지 41년, 세속 나이로 예순아홉 살이다. "조계종 승려로 있다가 종파에 속하기 싫어서 따로 나와서 공터에 절을 짓고 있다. 시주금이 부족하여 삼성각만 짓고 대웅전은 손도 못 대고 있다"고 했다. 무엇이든 규모가 커지면 돈과 자리를 둘러싸고 다툼이 생긴다. 예수와 부처의 가르침을 생각하며 초심으로 돌아가야 한다. 작은 절, 작은 교회, 작은 성당이 그립다.

노란 리본이 바람에 펄럭인다. '천주교 춘천교구 영동지구(심스테파노 길) 신앙 문화유산 해설단' 표지기다. 병인박해 당시 순교 역사를 기록한 뮈텔 주교의 《치명일기(致命日記)》에 '심스테파노' 이야기가 나온다. "심스테파노는 본데 강릉 골아우에 살더니, 무진년(1868) 5월 경포(京捕)에게 잡혀, 지금 풍수원 사는 최바오로와 함께 간히었다가 치명하니, 나이는 이십구 세 된 줄은 알되, 치명한 곳은 자세히 모르노라." 프랑스 파리 외방선교회 소속 샤를르 달레(Dallet) 신부의 《한국천주교회사》에 따르면 "신유박해(1801), 기해박해(1839), 병인박해(1866) 기간 중 약 1만여 명의 순교자를 냈다"고 한다.

심스테파노가 살았던 골아우는 강릉시 성산면 위촌리 안쪽 마을이다. 김기설은 《강릉지역 지명유래사전(1992)》에서 "마을에 고래처럼 생긴 바위가 있다고 하여 붙여진 이름이다. 골아우는 고래바위다. 고래바위가 골바위가 되고, 골바위가 변음하여 '골아우'가 되었다. 고래바위에는 경암(鯨巖)이란 글씨가 새겨져 있다. 고래바위가 영험하다고 해서 치성을 드렸으며 손등에 사마귀가 생기면, 고래바위 밑에 흐르는 물을 바르면 사마귀가 없어졌다"고 했다.

다산 초상화

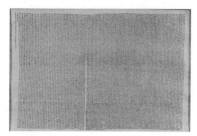

황사영 백서

그런데 심스테파노가 다산 정약용의 손자 정대무의 사위라는 말이 있다. 정대무의 딸은 서녀(庶女)라서 족보에서 빠져 있다. 사위 심스테파노의 실명을 알 수 없는 이유다. 천주학의 씨앗이 정약용의 증손녀를 거쳐 사위 심스테파노에게까지 퍼져나갔던 것일까? 정약용이 누군가? 조선의 천재가 아닌가? 원래 천재들은 신앙에 빠지지 않는다. 신앙을 이해하고 분석하려 하기 때문이다. 정약용이 천주교를 학문으로 받아들였는지, 신앙으로 받아들였는지는 알 수 없다. 정약용 일가는 천주교와 떼려야 뗄 수 없는 골수 '천주학쟁이' 집안이었다.

※ 배론 토굴에서 가로 62cm, 세로 38cm, 비단에 작은 붓으로 7개월간 촘촘하게 써내려간 13,384자 백서는, 내용은 그만두고라도 지극한 정성에 감탄이 절로 나온다.

정약용의 첫째 형은 정약현, 둘째 형은 정약전, 셋째 형은 정약종이다. 정약현의 부인은 천주교 평신도 지도자였던 이벽(李蘗, 세례자 요한)의 누이였고, 사위는 배론 토굴에서 프랑스 주교에게 보내는 백서(帛書)를 썼던 황사영(알렉산델)이다. 정약전은 정약용과 함께 신유박해(1801) 때 고문을 받고 흑산도로 유배되었다. 정약종(아우구스티노)은 본인과 부인, 첫째 아들(정철상, 가롤로), 둘째 아들(정하상, 바오로), 딸(정정혜, 엘리사벳) 등 가족 모두 순교했다. 정약용의 누이는 이승훈(베드로 : 한국 천주교 최초의 세례자, 아들 이신규와 손자 이재의는 1866년 순교, 증손자 이연규와 이균구는 1871년 순교)과 혼인했다.

샤를르 달레(1829-1878)가 쓴 《한국천주교회사》에 황사영과 정약용 이야기가 나온다.

"황사영 알렉산델은 편지를 쓴 장본인이며 악독하고 잔인한 사람으로 천륜과 인륜을 어긴 죄인으로 판결되어 참수와 육시를 당하였다. 황사영은 27세밖에 되지 않았고, 집과 재산이 적몰(籍沒)되었다. 어머니(이소사)는 거제도(귀양)로, 아내(정난주)는 제주도(대정현 관비)로, 아들(두 살) 황경한은 추자도로 귀양 갔다. 주문모는 정약종, 이승훈, 홍낙민

등과 함께 참수(斬首)되었다. 이가환은 매 맞아 죽었고, 정약전, 정약용 그 밖의 자들은 범죄에 가담한 정도에 따라 벌을 받았다."

정약용은 1801년 2월 15일과 17일 추국 심문장에서 천주교 핵심인물(이승훈, 황사영, 최창현, 김백순, 홍교만 등)의 검거와 심문 방법까지 알려주었다. 그는 천주교 신자 검거에 협조한 공로로 사형을 면하고 정약전과 함께 2월 27일 옥에서 풀려났고, 만신창이가 된 몸을 추슬러 2월 29일 유배지 장기곶(長鬐串)으로 향했다. 그해 9월 15일 제천 배론 골짜기에 숨어있던 조카사위 황사영은 한양에서 내려간 포졸에게 체포되었다. 정약용은 추국 심문장에서 "황사영은 제 조카사위지만 원수입니다. 그자는 죽어도 변치 않을 겁니다"라고 했다. 정약용은 황사영 백서사건 이후 정약전과 함께 다시 한양으로 불려와 배후로 추궁 받았고, 그해 11월 5일 정약전은 흑산도로, 그는 강진으로 유배되었다.

김훈은 《흑산》에서 다산의 형 정약전과 정약종의 추국장면을 이렇게 묘사했다.

"그들은 사학죄인(邪學罪人)이었다. …… 패역한 마음과 무도한 행실을 민간에 퍼뜨려 임금을 능멸하고, 국본을 위협하고 강상(綱常)을 더럽힌 것이 그들의 죄상이었다. 정약전은 서울에서 의금부 형틀에 묶여서 심문을 받을 때 곤장 삼십 대 중에서 마지막 몇 대가 엉치뼈를 때렸다. 고통은 벼락처럼 몸에 꽂혔고, 다시 벼락 쳤다. 모든 말의 길과 생각의 길이 거기서 끊어졌다. 정약전은 육신으로 태어난 생명을 저주했지만 고통은 맹렬히도 생명을 증거하고 있었다. 정약종은 봄에 서소문에서 참수되었다. …… 정약종은 칼을 받을 때 하늘을 바라보며 누워서 죽게 해달라고 요청했다. 형리가 그의 청을 받아들였다. 이승에서의 마지막 사치였다. …… 주여, 어서 오소서. 정약종은 하늘을 우러르며 웃으면서 칼을 받았다. …… 정약종은 위관의 심문에 이끌리지 않았다. 정약종, 너의 사호는 무엇이냐? 아우구스티노다. 사호가 아니라 세례명이다. 해괴하구나. 네 아비가 지어준 본명을 버린 까닭이 무엇이냐? 본명으로 돌아간 것이다. 새롭게 태어남이다. …… 너희 삼형제와 처가, 사돈 족속들은 모두 뱀처럼 뒤엉키고 구더기처럼 뒤섞여서 미신과 패역에 버무려졌다. 너희들은 창자가 서로 들러붙어서 형이 먹은 밥이 동생의 똥으로 나오는 형국이다. 네가 형 정약전과 아우 정약용을 사학으로 끌어들인 경위를 말하라. 들보에 매달린 정약종이 고개를 들어서 위관을 바라보았다. …… 나의 형 정약전과 나의 아우 정약용은 심지가 얕고 허약해서 신앙이 자리 잡을 만한 그릇이 못 된다. 내 형제들은 천주학을 한바탕의 신기한 이야깃거리로 알았을 뿐, 그 계명을 준행하지 않았고 타인을 교화시키지도 못했다. …… 약종의 그 진술 덕에 약전과 약용은 유배로 감형되어서 죽임을 면할 수 있었다. 약전과 약용은 함께 유배지를 향해 남쪽으로 내려오는 동안 정약종의 죽음에 대하여 한마디 말도 하지 않았다."

다산과 천주교에 대해 오래 연구했던 정민은 다산독본 《파란》 제1권에서 이렇게 말했다.

"다산이 천주교 신자였던 것은 너무도 명백하다. 다만 배교한 뒤 만년에 다시 참회해 신자의 본분으로 돌아왔는지 여부로 의견이 엇갈린다. 다블뤼 주교의 비망기에는 다산이 만년에 참회생활을 계속하면서 《조선복음전래사》를 저술했고, 세상을 뜨기 전 종부성사까지 받았다고 기록되어 있다. 다블뤼 주교는 그의 비망기에서 초기 가톨릭의 조선 전래에 관한 기술은 너무 간략하나 매우 정확하고 잘된 다산의 《조선복음전래사》에 힘입었다고 분명히 썼다. 다블리는 1845년 김대건 신부와 함께 조선에 입국한 이래 1866년 갈매못에서 순교할 때까지 21년간 조선에 머물렀던 '조선통'이었다. 하지만 정작 다산 자신의 글속에는 그런 내용이 전혀 안 나타난다. 다산은 천주교와 관련된 인물이나 내용에 대해 철저히 함구하거나 외면하는 자기검열을 거쳤다. 다산의 신앙과 배교도 사실이고, 만년의 참회도 거짓이 아니다."

이어서 정민은 《파란》 제2권 '황사영 백서사건' 편에서 황사영이 말하기를 "다산은 전부터 천주를 믿었으나 목숨을 훔쳐 배교한 사람입니다. 겉으로는 비록 천주교를 해쳤으나, 속마음에는 아직도 죽은 신앙(死信)이 있습니다"라고 했다. 다산은 뛰어난 정치가요 대학자였지만, 정조 사후 노론 벽파와 남인 공서파(攻西派)의 '사학(邪學)' 올가미에 걸려, 생사를 오가며 파란 많은 삶을 살아야 했다. 그는 유배생활을 마치고 고향인 남양주시 조안면 마재로 돌아와 생을 마쳤다.

다산에게 천주교는 무엇이었을까? 내가 만약 다산이었다면 어떻게 했을까? 나에게 순교자는 감히 닿을 수 있는 영역이 아니다. 다산이 1801년 신유박해로 유배된 후 67년이 지난 1868년 증손녀 사위였던(?) 심스테파노가 순교하기까지 과정을 추적하여 순례길 스토리로 만들어 보면 어떨까.

천주교 공원묘지다. 강릉지역 천주교 신자가 죽어서 묻히는 곳이다. 신부나 주교가 죽어 묻히는 성직자 묘역은 교구별로 관리한다. 나의 영세 신부였던 김종태(안드레아)도 제천 배론성지 성직자 묘역에 묻혀 있다. 나에게는 신앙의 본보기가 되는 두 명의 신부가 있다. 김종태와 하요한이다.

김종태 신부는 소신학교와 대신학교를 나와 로마 우르바노대학에서 사제 서품을 받은 전형적인 엘리트 신부였다. 70년대 후반과 80년대 초 천주교 원주교구가 지학순 주교와 김지하 시인을 중심으로 민주화 바람에 휩싸였을 때, 교구 총 대리 신부로서 바람에 흔들리지 않고 사제(司祭)의 역할에 충실했던 원칙주의자였다. 2008년 5월 9일 배론 봉쇄수녀원에서 아침 미사집전 도중 선종(善終)하여 배론성지 성직자 묘역에 묻혔다. 그가 평생 모토로 삼은 성구(聖句)는 '너는 멜키세덱의 품위를 따라 영원한 사제이니라'였다. 나는 천주교의 골수를 그에게 배웠다. 나는 허허로울 때마다 묵주를 들고 홀로 묘지를 찾아 고해성사(?)를 하곤 한다.

하요한(본명 Jone Patric O'hara) 신부는 1964년 한국에 와서 30여 년 복음을 전하다가 귀국하여 2013년 12월 20일 호주 멜버른에서 선종하였다. 그와 함께했던 인제(麟蹄) 3년은 신앙생활의 폭풍성장기였다. 90년 초 예순 노(老) 사제는 오래되어 곰팡이가 군데군데 슬어있던 시골집에서 홀로 밥을 짓고 빨래를 하면서도 언제나 콧노래를 부르곤 했다. 어떤 때는 둘이서 미사를 드리곤 했는데 미사를 마치고 나면 어김없이 손수 스파게티를 만들어주었다. 그가 떠나던 날 아침 함박눈이 펑펑 쏟아졌다. 타고 다니던 은백색 엑셀은 소 키우던 가난한 농부(고 장선희 마티아)에게 주고, 담요 한 장과 성경책 한 권만 들고 시골 완행버스를 타고 손을 흔들며 떠나갔다. 몸소 가난을 살았고 가난을 실천했던 예수그리스도를 닮은 성직자였다. 그에게서 사랑과 겸손과 섬김을 배웠다.

고래 바위

위촌리(渭村里)다. 《강원향토대관》에 따르면 '위촌'은 조선 인조 때 풍기군수를 지낸 위천(渭川) 김상적의 호를 따서 지었다가 나중에 천(川) 대신 촌(村)으로 바꾸었다. 위촌은 예전에 '우추리'로 불렸다. 우추리는 우출(牛出)의 변음이다. 위촌리 안쪽 골아우에 소가 반듯하게 누워있는 형상이 있는데 이곳에서 소가 나왔다고 하여 붙여진 이름이다. 인근 북바위에서 나고 자란 최선권은 어릴 적 "우추리에 나무하러 가자는 말을 많이 들었다. 아버지가 나무를 해가지고 내려올 때쯤 친구와 같이 기다리고 있다가, 나무를 손수레에 실으면 뒤에서 밀고 가던 기억이 난다"고 했다. 어릴 적 추억을 안고 최선권이 아버지와 함께 걷던 고향 동네 길을 걷고 있다.

위촌리는 대동계(大同契)와 도배례(徒拜禮)로 유명하다. '강릉 사람 세 명만 모여도 계를 만든다'는 속담이 있다. 계(契)는 율곡 이이가 만든 서원향약에서 비롯되었다. 강릉에는 금란반월계(金蘭半月契) 등 오래된 계가 많다. 홍인희는 《우리 산하에 인문학을 입히다》에서 “금란반월계는 조선 세조 1466년 강릉지역 명문가 인사 16명이 내부 행동규칙인 ‘맹약 5장’에 따라 서로 우의를 다지고 선비로서 금도를 지켜나갈 것을 다짐하는 일종의 동아리였다. 오늘날까지도 그 후손의 장자들이 계절마다 경포호 옆 금란정에 모여 전통을 이어가고 있다”고 했다.

위촌리에는 매년 음력 정월 초이튿날, 마을 가장 큰 어른을 모시고 세배 드리는 ‘도배례’가 열린다. 조선 중기 1577년 마을 주민이 대동계를 조직한 이후 지금까지 무려 443년을 이어오고 있다. 도배례와 대동계만 봐도 강릉 사람들이 얼마나 전통과 예의를 중요하게 여기는지 알 수 있다. 한두 해도 아니고 443년을 이어 온다는 게 어디 쉬운 일인가? 마을 입구에는 ‘역두바위’가 있어서 이 바위가 땅속에 묻히면 마을 사람들이 잘살고, 바위가 땅 위로 솟으면 어려움을 겪는다는 전설이 있다. 위촌리에는 아직 때 묻지 않은 인심과 전통이 남아 있다. 마을길을 지나자 송양초등학교다. 이순원 작가의 모교다.

원래 송암리에 있었으나 옮겨왔다. 학교 이름은 송암리의 '송'과 위촌리 양지말에 있던 '양석재(서당)'의 '양'자를 따서 송양초등학교라고 이름 지었다. 초등학교 이름 하나 짓는데도 이런 스토리가 담겨있다.

'심스테파노 길'을 명품 순례 길로 만들려면 강릉 바우길 사무국과 천주교 춘천교구가 협력하여 스토리를 발굴하고 보강해야 한다. '심스테파노 길'도 '산티아고 가는 길' 버금가는 한국의 명품 순례 길이 될 수 있다. 가장 한국적인 것이 가장 세계적인 것이다.

후기

나에게 순교자는 감히 닿을 수 있는 영역이 아니다. 솔직히 말해서 나는 배교자의 삶이 궁금했다. 샤를르 달레 신부의 《한국천주교회사》와 김훈 선생의 《흑산》, 정민 교수의 《다산》 제 1 · 2권 등은 정약용의 입교와 배교 과정을 이해하는 데 많은 도움이 되었다. 사람들은 역사적으로 뛰어난 인물에 대해서는 인간적인 면모나 그림자를 애써 드러내려 하지 않는다. 다산의 배교는 역사적인 사실임에도, 그것을 드러내는 일은 살얼음판을 밟듯 조심스러운 일이었다. 정약용의 손자사위였던 '심스테파노'의 입교와 순교에 대한 깊이 있는 연구가 이루어져 '심스테파노 길'이 이름에 걸 맞는 순례길이 되었으면 좋겠다.

Baugil Course

16.2km

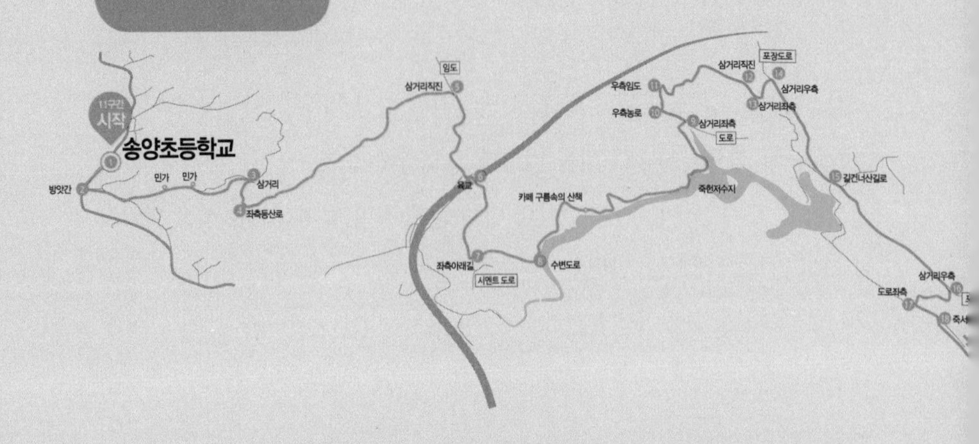

11구간_ 신사임당 길

이 길의 출발점인 위촌리마을은 440년의 역사를 자랑하는 마을 대동계가 옛날 모습 그대로 유지되고 있으며 전국에서 유일하게 촌장제를 운영하는 마을입니다. 사임당이 오죽헌에서 어린 율곡을 데리고 서울로 갈 때 죽헌저수지의 물길을 따라 이 마을을 지나 대관령을 넘었습니다. 이 길에는 특히 문화 역사 자료가 많습니다. 보물 165호의 오죽헌과 조선시대 양반가의 대표적 주택인 선교장, 우리나라 정자의 대표격인 경포대, 허균허난설헌 유적공원이 있습니다.

선교장의 비밀

나는 좋은 물건을 살 때보다 좋은 사람과 함께 걸을 때가 더 행복하다. 좋은 물건은 잠깐이지만 함께 걸었던 시간은 오래간다. 일터에서 멋진 성과를 내고, 우쭐했던 시간은 가물가물하지만, 함께 걸으며 음식을 나누고, 길 위에서 파안대소(破顔大笑)했던 시간은 선명하게 되살아난다. 나는 중2 아들과

선교장

함께 8년에 걸쳐 백두대간을 걸었다. 삶에 지치고 흔들릴 때마다 산에서 먹고 자며, 울고 웃었던 백두대간의 시간을 떠올리곤 한다. 무슨 성과를 내고 우쭐했던 시간은 가물가물하지만, 몸으로 체험했던 시간은 오래간다. 행복해지려면 좋은 사람 곁에 머물러야 한다. 또한 행복은 공간의 문제다. 서울대 교수 최인철은 "집과 직장 말고 제3의 공간이 있어야 한다. 공간은 소박해야 하고 격식이 없고, 수다를 떨 수 있어야 한다. 맛있는 음식이 있으면 더욱 좋다"고 했다. 나에겐 바우길이 그런 공간이다. 당신에게는 그런 공간이 있는가? 없다면 주변을 살펴보라. 카페나 산책로, 헬스장, 둘레길 등 곳곳에 널려 있다.

11구간은 송양초등학교에서 오죽헌과 선교장, 경포호수와 가시연습지를 지나 허난설헌 생가에 이르는 인문과 역사의 길이다. 군데군데 솔숲이 있고, 야생화가 피어 있어 사색하기도 좋다. 처음 나온 자는 강정웅이다. 그는 부산 사람이다. 육군 대위 출신이다. 멀리서 봐도 장교 냄새가 난다.

담장을 돌아서자 잠자리 한 마리가 꽃밭을 선회한다. 잠자리는 가을보다 앞서오고 가을의 절정에서 생을 마친다. 곤충의 죽음은 고요하고 적막하다.

금강소나무 길이 이어진다. 여름 꽃이 피었다. 싸리꽃, 창포, 접시꽃이 형형색색이다. 칡 줄기가 키 큰 나무를 빙빙 감고 올라간다. 칡은 나무에 붙어 기생한다. 사람도 기생하는 자가 있다. 어떤 때는 몸통보다 기생하는 자가 위세를 부린다. 꽃은 저마다 향기가 있다. 칡꽃 향기가 라일락이다. 사람도 꽃처럼 냄새가 난다. 고기 먹는 자는 고기냄새가 나고, 나물 먹는 자는 나물 냄새가 난다.

칡꽃

죽헌저수지를 지난다. 신사임당이 어린 율곡 손을 잡고 대관령을 넘던 길이다. 길에서 물었다. 바우길을 걷고 나서 달라진 점이 있다면? 홍동호는 "오랫동안 근무했어도 얼굴도 모르고 이름도 몰랐던 사람을 알게 되어 좋았다. 강릉에도 이렇게 좋은 길이 있다는 걸 알게 되어 강릉 사람이라는 데 자부심이 생겼다"고 했다. 박말숙은 "토 · 일요일은 늦잠을 자며 게으름을 피웠는데 바우길을 걸으면서 시간을 벌었다. 시간 활용을 잘하게 되었다"고 했다. 바우길은 묵언(默言)으로 가르침을 주는 큰 스승이다.

죽헌저수지의 담수량이 적다. 가뭄이 심하다. 논둑 푸른 벼 사이로 회원들이 한 줄이다. 김성호가 말했다. "벼 냄새를 맡으면 삽을 들고 논둑길을 걸어오시던 아버지 모습이 떠오릅니다." 냄새는 잠들어 있던 기억을 불러온다. 푸근하고 따스한 기억이 많을수록 행복해진다. 냄새로 치매를 치료할 수는 없을까? 솔숲에서 막걸리 파티가 벌어진다. 곽종일이 배낭에서 막걸리 두 병을 꺼냈다. 더덕 막걸리다. 이경희는 김효진이 넣어준 자두를 꺼냈다. '김효진 자두'다. 박말숙이 막걸리를 나눠주며 '막걸리 팀장'이라고 했다. 곽종일은 막걸리를 사면서 무슨 생각을 했을까?

산길로 접어든다. 땀이 뚝뚝 떨어진다. 저수지와 바우길 갈림길이다. 김광진은 식물 이름과 향기까지 줄줄 뀐다. 임서정이 "모르는 게 없네요. 오실 때 식물도감을 보고 오세요?"라고 물었다. 그는 "나는 시골에서 자랐고 꽃과 나무 사진을 찍다 보니 자연스럽게 알게 되었다"고 했다. 박사 소리를 듣기까지 얼마나 노력을 했을까? 우리 눈엔 결과만 보이지 과정은 보이지 않는다. 빙산(氷山)의 10분의 9는 물 밑에 있다. 농가 마당에 배롱나무 꽃이 피었다. 김태국이 말했다. "배롱나무는 木백일홍이라고 합니다. 강릉시화(市花)가 배롱나무입니다." 삼인행필유아사(三人行必有我師)다. 세 사람이 길을 가면 반드시 스승이 있다. 잘난 척하면 안 된다.

사모정과 죽림사 가는 길이 갈린다. 효자마을 입구다. 남숙자에게 물었다. 그는 불자(佛子)다. "어떻게 절에 다니게 되었나요?", "오빠가 소아마비에 걸려서 병원에 갔더니 고칠 수 없다고 했습니다. 엄마는 오빠를 데리고 매일같이 등명낙가사 스님한테 침 맞으러 갔습니다. 엄마는 비가 오나 눈이 오나, 하루도 빠짐없이 먼 길을 오가며 불공을 드렸습니다." 지성(至誠)이면 감천(感天)이다. 오빠는 완치되었고, 스님은 얼마 후 입적했다. 어머니한테는 스님이 살아있는 부처였다.

오죽 한옥마을이다. 2018 평창동계올림픽 때 새로 지은 한옥이다. 방 입구

강릉 오죽 한옥마을

에 한글로 '거경', '애일', '지신', '접인', '구산' 같은 이름이 붙어 있다. 방 이름을 왜 이렇게 지었는지 모르겠다. 무슨 뜻인지 이해가 가는가? 이곳만 그런 게 아니다. 생활 주변을 한 번 돌아보라. 무슨 뜻인지도 모르는 외래어 투성이다. 방 이름은 물론 간판이나 광고 카피는 알기 쉽고 부르기 쉬워야 한다. 말이나 글, 간판이나 광고에서 거품을 빼야 한다.

오죽헌 입구다. 오죽헌은 신사임당과 율곡이 나고 자란 곳이다. 신사임당은 아버지 신명화(申命和)와 어머니 용인이씨 사이에서 둘째 딸로 태어났다. 어머니는 무남독녀여서 결혼 후에도 친정에 머물러 있었다. 덕분에 신사임당은 오죽헌에서 외가 쪽의 도움을 받아 학문을 익힐 수 있었다. 부모 잘 만나는 것도 복이다. 뛰어난 자녀 뒤에는 교육열이 높은 어머니가 있다. 신사임당은 1522년(중종 17년) 이원수와 결혼하여 4남 3녀를 두었다. 장남 이선은 41살에 과거시험에 급제하였고, 막내아들 이우는 글씨에서, 맏딸 매창은 그림에서 두각을 나타냈다. 율곡 이이는 셋째 아들이었다. 신사임당은 자녀의 소질에 맞춰 맞춤형 교육을 시켰다.

눈만 뜨면 학교와 학원을 오가며 시험에만 매달리는 한국 아이들을 보며 미래학자 앨빈 토플러는 "한국에서 가장 이해하기 힘든 것은 거꾸로 가고 있는 교육이다. 학생들은 하루에 15시간 동안 학교와 학원에서 미래에 필요하지도 않을 지식과, 존재하지도 않을 직업을 위해 아까운 시간을 허비하고 있다"고 일갈했다. 가슴이 뜨끔하다. 과연 우리나라 교육에 희망이 있을까?

이화여대 교수 최재천은 희망이 있다고 했다. 그는 2019년 7월 12일 강릉시청에 열린 강원연구원 주관 아침 포럼에서 이렇게 말했다.

"20년 안에 현재 직업의 절반이 사라지고 대학도 사라진다. MIT대학과 하버드대학은 공동으로 강의콘텐츠를 만들어 팔고 있다. 교수를 뽑아서 평생 월급을 주며 써먹던 시대

강릉시청에서 강의하는 최재천 교수

는 가고 있다. 이번 세기는 융합의 세기다. 스마트 폰에는 인문학과 과학기술이 담겨있다. 아이들이 자연과학과 인문학을 섞어 배우기 시작했다. 20년 후면 한국에서 스마트 폰 같은 세계를 깜짝 놀라게 하는 뭔가가 나오지 않겠는가? 한국사람은 섞는 데 타고난 재주가 있다. 비빔밥을 보면 알 수 있다. 아이들이 이것저것 해볼 수 있도록 교육에서 힘을 좀 빼야 한다."

그렇다. '힘을 좀 빼야 한다.' 교육만 아니라 생활 곳곳에서 쓸데없는 힘을 빼야 한다. 힘을 빼야 유연해진다.

아이들이 하고 싶을 걸 마음 놓고 해볼 수 있도록 풀어놓자. 길도 걷게 하고 노래도 부르게 하자. 개미나 고래도 관찰하게 하고, 야생화도 들여다보게 하자. 스티브 잡스나 마크 저커버그도 하버드대학을 다니다가 중퇴하고 이것저것 해 보다가 성공하지 않았는가. 새로운 것을 만들어내고 융합하려면 읽고 듣기만 아니라, 말하고 글쓰기도 중요하다. 생각하지 않으면 말하고 글쓰기를 할 수 없다. 창조와 융합은 '따라하기'와 '정답 찾기'에서 나오지 않는다.

오죽헌 입구다. '세계 최초 모자화폐 탄생지' 안내판이다. 모자(母子)는 신사임당과 이율곡이다. 강릉은 '화폐도시'다. 지폐 속 인물 절반이 강릉 출신이니 그럴 만도 하다.

우리나라 지폐에는 4종류가 있다. 지폐에 어떤 그림이 새겨져 있을까?

천원 권 앞면에는 퇴계 이황과 성균관 유생들이 글을 배우고 익히던 명륜당, 퇴계 선생이 아끼던 매화나무가 새겨져 있고, 뒷면에는 도산서원과 주변

산수를 담은 겸재 정선의 계상정거도(溪上靜居圖)가 새겨져 있다. 오천원 권 앞면에는 율곡 이이와 오죽헌, 오죽(烏竹)이 새겨져 있고, 뒷면에는 신사임당이 그린 8폭 초충도(草蟲圖) 병풍이 새겨져 있다. 만 원 권 앞면에는 세종대왕과 한국의 오대 명산, 해와 달 소나무를 그린 일월오봉도(日月五峰圖), 용비어천가가 새겨져 있고, 뒷면에는 천체의 운행과 위치를 측정하던 혼천의(渾天儀), 천상열차분야지도(天象列次分野之圖)와 천체망원경이 새겨져 있다. 오만 원 권 앞면에는 신사임당과 묵포도도(墨葡萄圖), 초충도수병(草蟲圖繡屛)를 새겼고, 뒷면에는 월매도(月梅圖)와 풍죽도(風竹圖)가 새겨져 있다.

〈강원일보〉 영동총지사장 우승룡은 2019년 7월 12일자 〈강원일보〉 기고문에서 “5만 원, 5천원 권 대형캐릭터를 세워 관광객이 사진도 찍고 추억도 만들며 ‘부자가 될 수 있다’는 희망을 갖게 해주자”라고 제안했다. 2020년 1월 7일 강릉시와 한국은행은 화폐박물관 조성을 위한 업무협약을 맺고 2021년 11월 개관을 목표로 현 오죽헌시립박물관 향토민속관 자리에 사업비 80억 원을 들여 전체면적 1,673m^2 규모의 화폐박물관을 짓기로 하였다.

경포호수 길로 들어섰다. 메타세쿼이아 가로수길이다. 사진이나 드라마 촬영장소로 적격이다. 경포호수에서 가깝다. 경포에 오면 한 번쯤 걸으며 기념사진이라도 남겨두면 좋을 듯하다.

선교장(船橋莊)이다. 조선 후기 강릉에서 손꼽히는 부자가 살았던 고급저택이다. 집을 지은 자는 전주 이씨 효령대군 11세손인 이내번(1693-1781)이다. 그는 충주에 살다가 부친 이주화가 죽자 어머니 권씨와 함께 외가 쪽

메타세쿼이아 가로수길에서

연고가 있는 강릉으로 이사 왔다. 선교장은 부속건물과 별채까지 포함하면 300칸이 넘는다. 집 지을 당시 경포호 둘레는 12km였다. 그때는 집 앞까지 물이 차서 다리를 건너야 올 수 있었다. 집에 드나들 때 배를 타고 다리를 건너다닌다고 '선교장' 또는 '배다리집'이라 불렀다. 선교장은 직계가족을 위한 안채와 별당, 손님이 묵는 열화당(悅話堂)과 활래정(活來亭), 방해정(放海亭, 경포호수 국도변에 있음), 여자 하인이 거주하는 연지당, 소작인과 노비들이 거주하는 행랑채로 이루어져 있다.

열화당(悅話堂)은 집 주인이 살던 건물이다. 마당보다 1.5m 높게 지었다. 열화당은 중국 진(晉)나라 시인 도연명의 귀거래사에 나오는 열친척지정화(悅親戚之情話 : 친척들과 이야기를 즐겨 나눈다)에서 차용했다. 큰 대청과 온돌방 작은 대청으로 이루어져 있으며, 큰 대청은 전후좌우 통풍이 잘 되고 주변경치를 보며 정취를 느낄 수 있다. 활래정(活來亭)은 '끊임없이 활수(活

水)가 흘러들어오는 정자'라는 뜻이며, 풍류 공간으로 사용하였다. 활래정은 주자의 시 '관서유감(觀書有感)'에 나오는 위유원두활수래(爲有源頭活水來 : 근원으로부터 끊임없이 내려오는 물이 있다)를 차용했다. 활래정은 사방이 문으로만 되어 있어, 문을 열면 안과 밖이 일체가 된다. 조선의 건축은 그야말로 자연친화적이다. 자신을 드러내지 않으면서 주변 풍경과 조화를 이룬다.

선교장은 하인을 포함해 하루에 밥 먹는 식구만 해도 100명이 넘었고, 하루 소비하는 쌀의 양이 한 가마였다고 한다. 관동팔경을 보기 위해 손님이 밀려드는 봄과 가을에는 쌀 두 가마가 들어갔다고 하니 그 규모가 어떠했는지 짐작할 수 있다. 선교장은 숙박시설과 전시회장이 부족했던 시절, 고급호텔 겸 음악회와 전시회가 열리는 장소였고 명망가들이 비즈니스를 펼쳤던 사교장이었다. 선교장 주인은 강릉의 부동산 재벌이었다. 소유한 토지가 북으로는 양양, 남으로는 삼척까지 흩어져 있었다고 하니 상상이 가지 않는가. 선교장 일가가 어떻게 그 많은 부를 쌓을 수 있었을까? 그들은 '공부 머리'보다 '장사 머리'가 뛰어났던 것으로 보인다. 특히 제6대 선교장 주인이었던 이근우(1877-1938)는 동진학교를 세워 인재를 양성하는가 하면 영의정 조인영, 러시아 영사, 이시영, 여운형 등 명망 있는 정치인을 이곳으로 초청해서 먹여주고 재워주는 등 유력 정치인 후원자로서 면모를 과시하였다. 그는 부를 활용하여 정치를 했다. 세상에 공짜가 있겠는가. 융숭한 대접을 받은 자는 어떤 식으로든 보답하지 않았을까. 선교장 주인은 부의 상징인 선교장을 활용하여 정치권력과 친분을 쌓음으로써 부(富)를 유지하고 명성도 쌓을 수 있었던 게 아니었을까? '꿩 대신 닭'이라고, 과거시험보다 정치후원자 역할은 그야말로 탁월한 선택이었다.

김시습기념관 뒤에 창덕사(彰德祠)가 있다. 창덕사는 김시습 등 9위를 모신 사당이며 덕원서원(德源書院)으로 불린다. 매년 음력 4월 19일 제향(祭香)한다. 서지(鼠址)마을과 시루봉 가는 길이 갈린다. 서지마을은 쥐가 땅을 파고 구덩이 앞에 흙을 쌓아 놓은 형상이다. 서지마을은 강릉의 4대 주산 중 하나인 된봉과 시루봉에 둘러싸여 있다. 임진왜란 후 창녕조씨들이 들어오면서 마을이 생겼다고 한다. 부근에 한정식집 '서지초가뜰'이 유명하다.

시루봉 오름길이다. 후덥지근하다. 이마와 등에 땀이 흥건하다. 오름길은 구불구불 곡선이다. 강릉은 곳곳이 소나무 숲이다. 경포대로 향하는 금강소나무 숲길이 이어진다. 오래된 소나무가 서 있다. 가지를 자르고 비틀어 기형을 만들었다. 나무의 비명이 들리는 듯하다. 자연에 인공이 가해지면 조화와 균형이 깨어진다.

경포대 정자다. 뒤편으로 충혼탑이다. 1969년 10월 7일 세웠다. 휘호는 전 대통령 박정희가 썼고, 비문은 시인 이은상이 지었으며, 글씨는 김진백이 썼다. 찬조자 명단이 새겨져 있다. 나는 무슨 탑이 되었든 기여했던 자의 면면을 들여다본다. 찬조자 명단에 강릉 구정우체국장 김영섭이 들어있다. 잘 모르는 선배지만 찬조금을 많이 냈나 보다. 요즘은 기부금을 많이 내면 건물에 이름도 붙여주고 장학재단도 설립할 수 있다. 널리 알려진 스웨덴의 노벨상, 미국 카네기재단과 록펠러재단, 브루킹스연구소 등도 부자들이 기부한 돈으로 설립하였다. 돈이 많으면 자식한테 조금만 물려주고 나머지는 자기

경포대 충혼탑

이름으로 재단이나 연구소 등을 만들어 사회에 되돌려 주면 어떨까?

경포호수다. 경포호를 다녀간 명사들의 한시(漢詩) 14수를 뽑아 새겼다. 율곡 이이는 《경포대부(鏡浦臺賦)》에서 "이곳에 오르면 마치 신선이 된 것 같다"고 했고, 송강 정철은 《관동별곡》에서 "잔잔한 호수에 비단을 곱게 다려 펼쳐놓은 것 같다"고 했다. 경포호수를 돌아드니 연꽃이 활짝 피었다. 가시연습지다. 가시연습지는 멸종위기 야생생물 2급으로 지정되었다. 가시연은 1년생 수초다. 7월 중순부터 8월 말까지 꽃이 핀다. 2008년 경포습지 복원작업 이전까지 무논이었으나, 2010년 땅속에 휴면상태로 있던 종자가 되살아났다.

난설헌교와 아름드리 금강소나무 숲길을 지나자, 허난설헌 생가다. 행복해지려면 걸어야 한다. 맛집만 아니라, 역사와 문화가 있고 재미와 의미가 있는 길을 걸어야 한다. 또한 기대치를 낮춰야 한다. 수학자 조디피크(Jodi Picoult)는 행복 공식을 제시했다. 행복은 현실 나누기 기대다. 쉽지 않겠지만, 현실을 있는 그대로 받아들이고 기대치를 낮추면 된다. 인생은 계획대로 되지 않는다. 그렇다. 내가 강릉에서 바우길을 걸으며 답사기를 쓰게 될 줄 누가 알았겠는가? 글 쓰려고 마음먹고 걸으니 모르는 것 지천이다. "사람은 죽을 때까지 배워야 한다. 모르면 어린아이한테도 물어봐야 한다. 묻는 걸 부끄러워하면 안 된다"고 했던 돌아가신 아버지 말씀이 생각난다. 무학(無學)이었던 아버지는 묻는 것을 두려워하지 않았고, 한글을 배워 마침내 항해사 자격증을 땄다. 나는 그날 자격증을 들고 눈물을 글썽이던 아버지의 모습을 잊을 수 없다.

후기

강릉 출신 생태학자 최재천 교수의 '통섭적 인간으로 살기'는 명품 강의였다. 강의 내용 일부를 답사기에 담았다. 그는 강릉 폐교 분교에 작은 연구실을 짓고 있다고 했다. 그가 고향 강릉 바우길을 걸으면서 생태를 연구할 수 있었으면 좋겠다.

Baugil Course

11.6km

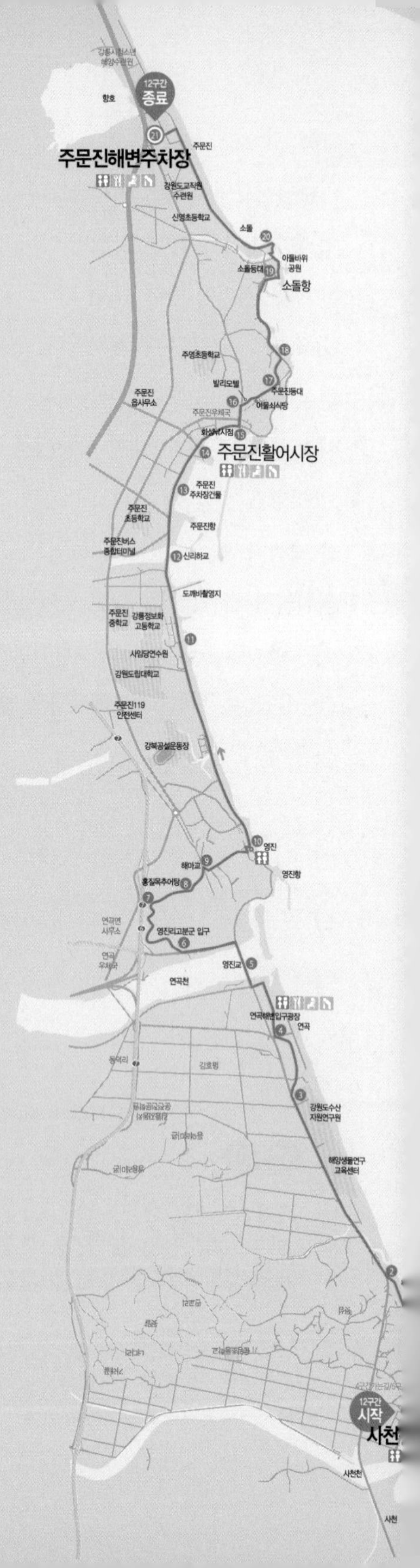

12구간 _ 주문진 가는 길

사천진리 해변에서 한국의 나폴리라 불리는 주문진 항구까지 해변가의 모래밭길과 송림을 따라 걷는 길입니다. 커피마니아들 사이에 한국의 커피 성지라 불리는 영진 '보헤미안'을 지나 주문진등대와 동해바다가 살아 펄떡이는 주문진시장을 지납니다. 주문진등대는 역사도 깊고 사연도 많아 누구라도 이곳에 오면 스스로 바다를 지키는 배들의 앞길을 환히 밝혀주는 등대지기가 되어 볼 수 있습니다.

사랑하면 알게 되고, 알면 보이나니

무슨 일을 하든지 날씨가 중요하다. 날만 잘 잡아도 절반은 성공이다. 날씨는 신의 영역이다. 날씨는 알 수 없고 인간의 마음은 변화무쌍하다.

답사를 앞두고 태풍 다나스(DANAS)가 북상했다. 가자는 자와, 무리할

파도치는 소돌 해변, 표정이 가을하늘이다.

필요가 없다는 자로 나뉘었다. 갈까 말까 할 때는 가는 게 낫다는 경험칙을 따르기로 했다. 주사위는 던져졌다. 장맛비를 맞으며 사천진 해변에 모였다. 사천진(沙川津)은 '모래내'다. '모래내', 얼마나 정겨운 이름인가? 아름다운 우리말을 놔두고 외래어를 쓰는 이유가 뭘까? 잘 사는 나라 따라 하느라고 우리말이나 내 것의 소중함을 잊고 살았던 건 아닐까?

바다 안개를 뚫고 달려온 파도가 모래를 안고 뒹굴다 사라진다. 사천진은 바우길 4구간 종착지이자, 12구간 출발지다. 사천 물회마을 골목에서 홍길동 벽화가 붙어 있는 공회당 길을 따라가면 허균 시비가 있는 애일당(愛日堂)으로 이어진다. 애일당은 허균 외조부 김광철의 호다. 12구간은 사천진~주문진수산시장~소돌항~주문진해수욕장을 잇는 11.6km 해변길이다.

빗살이 돋는다. 출발을 앞두고 분위기가 어수선하다. 회장이 나섰다. "어떻게 매번 좋은 날만 있겠는가? 살다 보면 비 오는 날도 있고, 바람 부는 날도 있다. 맑은 날만 있으면 사막이 되고 만다. 비는 어쩔 수 없다. 받아들이자. 포기하려면 차라리 지금 되돌아가는 게 낫다." 리더는 아픈 말도 해야 한다. 이건 모든 리더의 숙명이다.

빗속을 도란도란 걸으며 켜켜이 쌓아두었던 이야기보따리를 풀어놓는다. 오랜만에 나온 장정희는 "사는 게 참 묘하다. 젊었을 때는 먹고살기 위해 직장을 다녔는데, 이제는 다니는 게 재미있다. 회사 다녔던 친구들은 그만두고 나왔는데, 나는 직장에 다니고 있으니 다들 부러워한다. 음지가 양지되고 양지가 음지되었다. 욕심을 내려놓으니 편안해졌다"고 했다. 그는 딸 자랑도

했다. “딸이 ‘미스 트롯’ 티켓 2장을 끊어 와서 집사람하고 다녀오라고 했다.” 부모는 이럴 때 으쓱한다. 부모가 바라는 건 때에 맞는 작은 선물이다. 키워 보니 딸이 낫다. 모 변호사는 농담으로 “민사소송을 오래하다 보니 부모 재산 저당 잡히는 건 딸이 아니라 대부분 아들이더라”고 했다. 고개가 끄덕여진다. 아들이 뭔지?

안개를 뚫고 빗살이 거세다. 이럴 땐 앞만 보며 묵묵히 걷다 보면 햇빛이 난다. 사는 일도 그렇다. 하는 일마다 꼬이고 손만 댔다 하면 사달이 날 때가 있다. 어떤 자는 상황을 받아들이고 신독(愼獨)하며 고난의 시간을 통과하지만, 어떤 자는 남을 탓하고 세상을 원망하며 깊은 수렁으로 빠져든다.

‘깃발 맨’ 홍동호가 맨 앞에서 씩씩하다. 앞장서는 자는 소신 있고 용기 있는 자다. 살아오면서 가장 많이 들었던 말이 “중간만 가라. 둥글둥글하게 살

우산 속에서 이야기꽃이 피어난다.

아라"는 말이었다. 앞장서면 '잘난 척한다'고 하고, 가만히 있으면 '눈치만 본다'고 한다. 앞장서는 자는 바보다. '바보 추기경' 김수환(스테파노)이 생각난다. 예수도 바보였고, 부처도 바보였다. 바보가 세상을 바꾼다. 바보의 역설이다.

해척조 훈련장이다. '세계 최강의 해상 척후조 요원양성' 현수막이 펄럭인다. 사천 해변은 매년 여름 공수특전사 해상침투 요원 훈련장으로 쓰인다. 해상척후조는 특수부대 해상침투나 주력부대 상륙작전에 앞서 통로를 개척하고, 목표지역에 대한 첩보수집과 정찰활동을 한다. 해상척후조 요원은 기초수영 3.2km, 수중 50m에서도 수영이 가능하도록 강도 높은 훈련을 받는다. 매년 실시하는 '소프트 덕(Soft Duck)'은 헬기를 타고 12피트 낮은 고도에서 군장을 메고 바다로 뛰어내려 보트로 침투하는 고강도 훈련이다.

'Freedom is not Free.' 자유에는 대가가 따른다. 국방은 아무리 강조해도 지나치지 않다. 국군이 있기에 안심하고 일상을 살아낼 수 있다. 군 사기가 떨어져 있다. 사석에서 만난, 모 전투비행단장은 "전투기 조종사 한 명 양성하는 데 약 150억 원이 든다. 젊은 조종사가 민간항공사로 넘어가려고 할 땐 가슴이 아프다. 군인은 명예와 자긍심을 먹고 산다. 군을 비판만 하지 말고 사기를 올려주면 좋겠다"고 했다. 우리는 칭찬에 인색하다. 잘한 것은 잘했다고 칭찬해주자. 칭찬도 습관이다.

연곡 솔향기 캠핑장이다. 해송 숲속에서 휴가를 즐기는 피서객으로 가득하다. 세찬 비를 피해 옹기종기 모였다. 사과, 복숭아, 체리, 버터 와플, 피넛바가 쏟아져 나온다. 웬 간식이 이렇게 많을까? 여행에서 먹는 재미를 빼놓을 수 없다. 여자들이 간식을 가져왔다. '여자가 없으면 굶어 죽는다'는 말이 나오는 이유다. 우체국 에버리치밴드는 이곳에서 매년 8월 초 강릉시, 강릉소방서 밴드와 합동 공연을 펼친다. 에버리치밴드는 11년째 공연을 이어오고 있다.

연곡천이다. 연곡천은 진고개에서 발원하여 솔내(松川), 긴내(長川)를 지나 퇴곡리, 용소골에 이르러, 오대산 노인봉에서 발원하여 청학동을 지나온 물과 만나 바다로 나아간다. 갈매기 떼가 모래톱에 앉아 있다. 김태국이 물었다. "갈매기는 왜 한 방향만 보며 앉아 있을까요?" 호기심은 도전과 변화를 이끌어낸다. 성공한 자의 공통점은 호기심이 많다는 것이다. 갈매기 떼 한 무리가 비상한다. 군무(群舞)로 허공을 수놓는다. 안개를 뚫고 이리저리 방향을 틀며 춤사위가 펼쳐진다. 집단 체조는 새들의 춤사위를 본떴다고 한다. 새가

갈매기 떼의 군무

스승이다. 인간은 자연을 넘어설 수 없다. 인간은 자연의 일부다.

영진교(領津橋)다. 영진교 밑으로 연곡천이 흐른다. 민물과 바닷물이 교차한다. 요즘은 숭어와 농어, 감성돔이 올라오고, 11월부터 이듬해 3월까지는 연어 떼가 산란하러 올라온다. 연어는 민물로 올라와 알을 낳고 임종을 맞는다. 연어는 바다에 있을 때는 파르스름하지만, 민물에 몸을 담는 순간 불그스름하게 변한다. 강릉우체국 김민회는 "민물로 올라오기 전 연어가 맛이 있다. 암놈은 알을 낳고 죽지만 수놈은 다시 바다로 내려간다. 평소에는 숭어와 농어, 감성돔이 잡히지만, 날이 갈수록 수종이 줄어들고 있다"고 했다. 지구온난화로 수온이 올라가고, 연어 떼가 움직이는 길목에서 대규모 포획이 이루어지고 있다. 강릉시는 기간을 정해 포획을 금지하고 포클레인으로 퇴적물을 걷어내고 있다. 바닷물과 민물이 만나는 곳에 퇴적물이 쌓이면 물고기가 민물로 올라오지 못하기 때문이다.

홍질목이다. 홍질목은 '홍질목이'의 줄임말이다. 《강릉시사》에는 '홍씨마을로 가는 길목'이라고 했다. 7번 국도 확장공사 중 발견한 신라시대 고분 석곽묘 2기가 있고, 왜구의 침략을 막기 위해 설치한 토성(土城) 흔적도 남아 있다. 홍질목은 7번 국도가 생기기 전, 주문진과 강릉을 오가던 옛길이었다. 이곳이 고향인 장정희는 홍질목이 "늘 다니던 길이지만 비 오는 날 이렇게 걸으니 아버지와 함께 걷던 생각이 난다"고 했다. 장정희 부친은 경찰관이었다. 그는 일곱 살 때 부친을 따라 춘천으로 이사 갔다가 다시 속초를 거쳐 강릉 연곡으로 내려와 이곳에서 초등학교와 중학교를 마치고 정착하게 되었다. 김성호는 집배 도중 이륜차를 타고 찍은 '나만의 우표' 배경이 홍질목 소나무 숲

오징어, 멍게, 상추, 고추장, 어! 소주가 없네?

이라고 하며 으쓱했다.

홍질목을 벗어나자 모닝 차량 한 대가 깜박이를 켜며 달려온다. 김태국, 홍광호, 홍동호가 주문진수산시장에서 미리 주문해 두었던 오징어와 멍게가 도착했다. 원래 회를 써는 작업은 오전 9시가 되어야 시작하는데 특별히 부탁해서 가져왔다고 했다. 야외별장(?)에서 잔치가 벌어졌다. 소나무 숲으로 둘러싸인 별장(?)에서 비 오는 날 바라보는 연곡천은 해무(海霧)로 황홀하다. 후드득, 후드득 떨어지는 빗소리를 들으며 싱싱한 오징어와 멍게를 안주로 소주 한잔이 넘어간다. 입안이 박하사탕이다. 웃음꽃이 만발하고 콧노래가 절로 난다. '주문진 사람들'이 마음을 다하고 정성을 다해 만든 풍성한 식탁이다. 살면서 이런 순간이 몇 번이나 있겠는가? 사람과 자연이 어우러져 빚어낸 최고의 식탁이다. 좋기는 좋은데 어떻게 말로 표현할 수가 없다. 나는 이럴 때 언어의 한계를 느낀다.

다시 길을 나섰다. 허름한 2층 양옥이 나타난다. 초기 '보헤미안 커피' 시절 박이추 대표 모습이 고스란히 담겨있다. 모든 처음은 초라하다. 첫술에 배부르지 않는다.

영진항이다. 색깔바위가 서 있다. 《강릉시사》에는 '색깔바위가 여자 성기처럼 생겨서 마을 사람들이 땅속에 묻어놓았다. 풍화작용으로 바위가 드러나면 인척끼리 상피 붙는 일이 벌어질까 염려해서 그랬다'고 한다. 생활 곳곳에 풍수가 자리 잡고 있다. 우리는 풍수나 사주팔자에 민감하다. 이사할 때도 '손 없는 날'을 찾고, 결혼 날짜도 '좋다는 날'에 몰린다. 겉으로는 미신이니 뭐니 하지만 속마음은 다르다. 사주궁합도 보지 않는가? 집터와 묏자리도 마찬가지다. 풍수와 사주는 이제 음지에서 양지로 걸어 나와야 한다.

tvN 드라마 '도깨비' 촬영지다. '도깨비'는 공유와 김고은이 출연하여 시청자를 감성의 늪으로 끌어들였던 인기 드라마였다. 명대사가 생각난다. 공유가 칼을 뽑아 최후 순간을 맞이하며 김고은에게 했던 말이다. "널 만난 내 생은 상이었어. 비로 올게. 첫눈으로 올게. 그것만은 할 수 있게 해 달라고 신께 빌어 볼게." 나는 영화나 드라마 대사를 귀 기울여 듣는다. 영화관에서 영화를 보다가 명대사가 나오면 수첩을 꺼내든다. 명대사는 글 쓰는 데 좋은 재료가 된다. 무엇이든지 관심을 가지고 보면 재료가 곳곳에 널려있다.

신리교(新里橋)다. 조선시대 주문진은 '신리면'이었다. 신리천(川)은 주문진읍 삼교리 서쪽 철갑령(1,013m)에서 발원하여 장덕리, 교항리, 장성리를 거쳐 바다로 나아간다. 물의 근원을 생각했다. 연곡천에서는 진고개와 노인봉을 생각했고, 신리천에서는 철갑령을 생각했다. 손가락만 보지 말고 손가락이 가리키는 달을 보아야 한다. 아무리 복잡하고 풀기 어려운 문제도 본질과 근원을 생각하면 해결책이 나온다.

바우길을 걷는 중 우체국 파업 예고로 파란을 겪었다. 최고책임자가 안팎으로 어려움을 겪었다. 그는 시간 날 때마다 우편물 배달현장을 돌며 현장의 소리에 귀 기울였다. 드론 택배를 시연하고 전기차도 배치하는 등 다가올 시대를 내다보며 우체국 혁신에 노력하였으나, '너무 앞서 간다'는 비판을 받았다. 고 김대중 대통령은 "국민보다 반 발자국만 앞서가라. 아무리 좋은 정책도 국민의 지지를 받지 못하면 공염불에 그친다"고 하며 국민과의 소통을 강조했다. 무신불립(無信不立)이다. 공직자는 국민을 생각하며 사무사(思無邪)의 마음으로 헌신해야 한다.

주문진(注文津)이다. 주문진은 고구려 때는 지산현, 신라 때는 명주, 고려 때는 연곡면이었다. 조선 중기까지는 새말(新里)로 불리다가, 1757년(영조 33년) 신리면이 되었다. 1937년 4월 주문진면을 거쳐 1940년 읍으로 승격했고, 1995년 명주군에서 강릉시로 통합되었다. 주문진은 함경도 원산과 부산의 중간지점으로, 1917년부터 부산과 원산을 오가는 여객선과 화물선이 들어왔다고 한다. 언제쯤 주문진에서 원산 가는 여객선을 타 볼 수 있을까?

주문진수산시장이다. 시장 지붕에 고래 한 마리가 꼬리를 치켜들고 있다. 주문진에서 잡혔다가 자취를 감춘 귀신고래다. 고래가 돌아오기를 기원하고

귀신고래가 돌아오는 날은 언제쯤일까?

시장 번영을 염원하며 수산시장 상인들이 만든 조형물이다. 삼국유사에 나오는 '연오랑과 세오녀 이야기'를 참고해서 만들었다는 이야기도 있다. 건어물 시장을 지나 전통시장으로 들어서자 싱싱한 해물이 좌판에 널려있다. 전통시장은 싱싱한 횟감만큼이나 활기가 넘친다.

홍광호가 인기다. 좌판 아줌마들이 이쪽저쪽에서 아는 척한다. "광호 어디 등산 갔다 오는가?", "광호 옷 갈아입으니 못 알아보겠네." 홍광호는 주문진 우체국 집배원이다. 우편물 배달현장에서 만나는 좌판 아줌마에게 '사람 좋은 맏사윗감'으로 통한다. 그는 주문진수산시장 어황을 손금 보듯 꿰고 있다. "오늘은 오징어 1마리에 만 원이다. 평일에는 20마리 한 두름에 10만 원 하지만 주말에는 두 배로 뛴다. 오늘은 배가 안 나갔고 경매시장도 문을 닫아서, 어제 20마리에 13만 원 주고 샀다. 밤새 보관했다가 오늘 아침에 회 써는 아줌마한테 부탁해서 야외파티(?) 장소까지 가지고 왔다"고 했다. 세상은 혼자 살 수 없다. 주민은 물이요, 우체국은 배다. 물이 없으면 배가 뜨지 못한다. 물은 배를 띄울 수도 있고 뒤집을 수도 있다. 민심이 천심이다.

옛 등대길이다. 달동네처럼 좁은 골목길이 구불구불 이어진다. 집과 집이

잇대어 있고 밖에서 안이 환히 들여다보인다. 낮은 담장 사이로 주문진 시내와 바다가 한눈에 들어온다. 김태국은 "동해 논골 담길이 생각난다"고 했다. 말 한마디는 잠들어 있던 기억을 불러온다. 동해 논골에는 나의 초등학교 시간이 담겨있다. 옹기종기 붙어 있는 슬레이트 지붕과 고기 말리는 냄새, 골목길을 뛰어다니며 숨바꼭질하던 친구들, 추적추적 가랑비 오는 날, 낮술에 취해 북에 두고 온 가족 생각에 눈물을 글썽이던 '아바이' 모습도 떠오른다. 1·4후퇴 때 함흥에서 내려와 명태덕장을 하던 '아바이'는 바다가 보이는 우리 집 마루에 대병 소주와 황태 한 마리를 내려놓고, 떠나온 고향과 가족 얘기를 되풀이하곤 했다. 그는 마당에 들어설 때마다 "아바이 있소?"라고 소리쳤다. 속초에는 '아바이 마을'이 있다. 털털하고 활달했던 돌아가신 함흥 '아바이'가 보고 싶다

주문진 등대다.

1918년 3월 20일 조선총독부 고시 61호로 세워진 강원도 최초의 등대다. 점등 당시는 석유등으로 홍색과 백색 불빛을 교대로 비추었으나, 1951년 스웨덴제 등명기, 1969년 12월 미국식 등명기로 교체하였고, 2004년 12월 국산 회전식 중형등명기로 교체하였다. 불빛은 15초에 한 번씩 깜박거리며, 빛이 도달하는 거리는 20해리(37km)다. 안개가 짙게 낄 때는 고동소리를 울려서 방향을 잡아준다. 등대 출입문에는 일제의 상징인 벚꽃이 새겨져 있고, 외벽 곳곳에 한국전쟁 당시의 총탄 흔적이 남아 있다.

성황당이다. 성황당에는 풍어와 해상안전을 기원하는 용왕신과 광해군 때 강릉부사로 있으면서 선정을 베풀었던 정경세(鄭經世, 1563-1633)와 절개

소돌항 아들바위

를 지키다 죽은 어부의 딸 진(眞) 등 3명의 신위(神位)가 모셔져 있다. 소돌항 가는 길. 인도 없는 7번 국도는 오가는 차량으로 위험하다. 인도 없는 국도를 안전하게 걸으려면 달려오는 차량과 마주보며 걸어야 한다. 강정웅은 군 장교시절 행군 대열 통솔법을 활용했다. 그는 바우길 안내 깃발을 홍동호에게 넘겨받아 차량을 통제하며 회원을 안전하게 이동시켰다. 세상에 쓸모없는 경험은 없다. 배워두면 언젠가 요긴하게 써 먹는다. 소돌항이다. 마을 모양이 소가 누워있는 형상이다. 한자로 우암(牛巖)이다. '우암'보다 '소돌'이 정겹지 않은가? 소돌항에 바위 한 개가 불쑥 솟아 있다. 바위 하나에 이름이 몇 개다. 1억 5천만 년 전 쥐라기시대에 지각변동으로 바다 속 바위가 불쑥 솟았다고 '쥐라기 바위', 아들 없는 노부부가 백일기도 끝에 아들을 얻었다고 '아들바위', 소원을 빌면 들어준다고 '소원바위'다.

사람도 마찬가지다. 어떤 자는 명함이 몇 개다. 처음 이름은 부모가 지어주지만, 살면서 맺게 되는 수많은 관계 속에서 명함으로 불린다. 무대에 불이 꺼지고 배역이 사라지면 처음 이름만 남는다. 비에 젖은 몸이 축축하다. 축축한 몸을 녹여줄 따뜻한 물이 콸콸 쏟아지는 집이 그립다. 뭐니 뭐니 해도 집이 최고다. 여행자에게 집은 베이스캠프다. 여행의 완성은 집으로 돌아오는 것이다.

후 기

'주문진 가는 길'에서 싱싱한 횟감을 맛볼 수 있었다. 이런 일을 누가 시켜서 하겠는가? 좋아서 하는 일은 힘들지 않다. 그들은 "회원들이 맛있게 먹어줘서 고맙다"고 했다. 주는 기쁨이 받는 기쁨보다 크다. 예수가 말했다. "내가 바라는 것은 동물을 잡아 바치는 제사가 아니라 이웃에게 베푸는 자선이다." (마태오 9장)

Baugil Course

15km

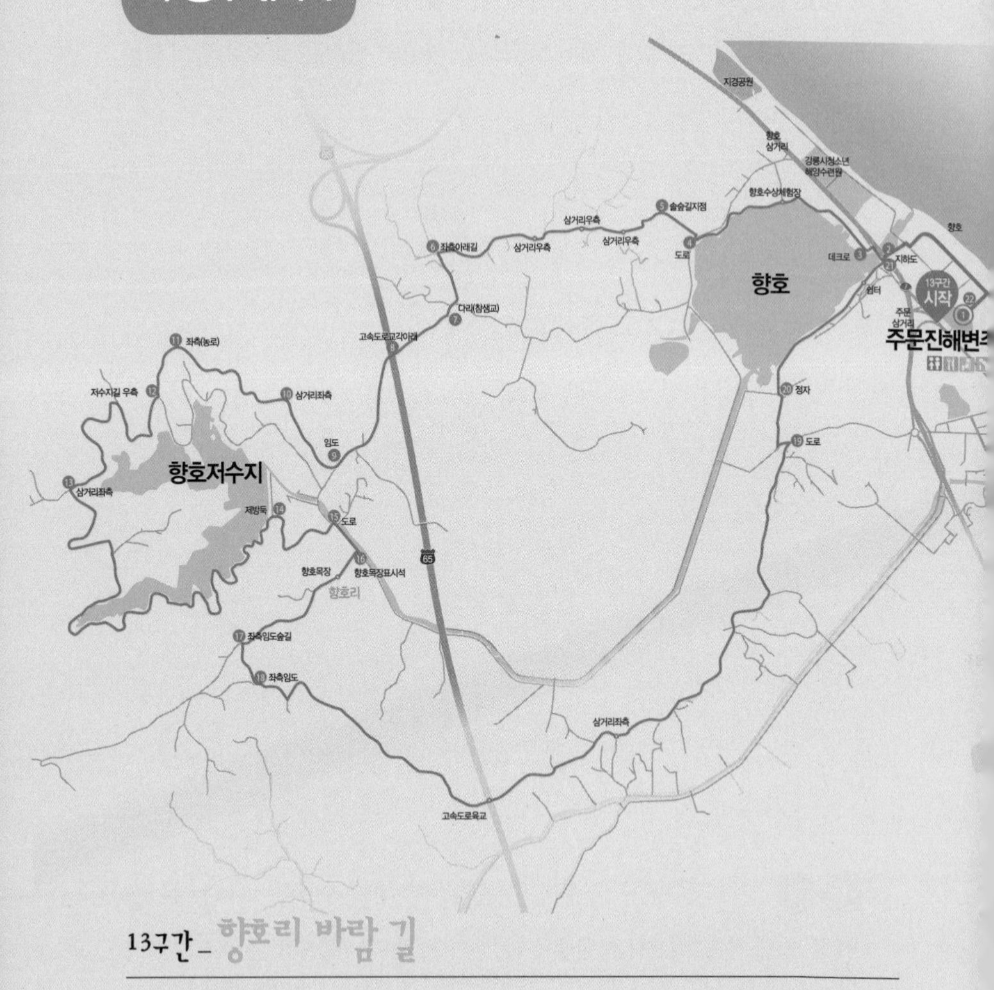

13구간_ 향호리 바람 길

한국의 나폴리라 불리는 주문진 항구에서 파도가 해변의 모래를 밀어 올려 만든 향호와 향호저수지를 크게 한바퀴 도는 둘레길입니다. 먼 바다의 소식을 안고 불어온 바람이 사계절 호수 주변의 갈대숲을 어루만집니다. 호숫가의 철새와 바람이 안내하는 길을 사람이 따라 걷습니다. 처음 시작했던 자리로 되돌아오는 순환코스라 자동차를 가지고 다니는 도보여행객들에게는 더욱 그만인 코스입니다.

참외 할머니와 돌탑 노부부

또 다시 흔들렸다. 8월 15일 새벽, 태풍 '크로사(krosa)'가 다가오고 있었다. 집중호우와 강풍 특보가 발령되었다. 밤새도록 집 안팎을 드나들며 빗소리와 바람소리를 살폈다. 거센 바람과 함께 시간당 70mm 집중호우가 쏟아졌다. 강행은 무리였다. 3일 후, 맑게 갠 하늘에 잠자리 떼가 원을 그리며 빙

방탄소년단 앨범재킷 촬영장에서

빙 돈다. 주문진해수욕장은 모래사장을 걷는 연인들과 막바지 휴가를 즐기려는 중년 남녀로 활기차다. 13구간 '향호 바람 길'은 향호(香湖)와 저수지를 한 바퀴 돌아오는 산보길이다.

버스정류장이다. 방탄소년단(BTS) 앨범 재킷을 촬영한 명소다. 한류가 대세다. 이어령은 "그동안 관광 춤이라고 비웃던 '촌부의 말춤'이 '싸이의 말춤'이 되어 세계 50억 명이 내려 받아 함께 춤추고, BTS(방탄소년단) 랩을 따라 하려고 세계의 젊은이들이 한글을 배우고 있다"고 했다.

방탄소년단 소속사 빅히트엔터테인먼트 대표 방시혁은 2019년 8월 22일 〈조선일보〉와의 인터뷰에서 "기존의 음반 음원 중심에서 영화, 웹툰, 소설, 드라마로 사업영역을 확장해나가는 등 K팝 산업에 혁신을 일으키겠다"고 했다. 한국인은 춤과 노래에 천부적인 DNA가 있다. 우리나라는 수출로 먹고 사는 나라다. 한국인의 춤과 노래가 세계 시장에서 주목받기 시작했다. '코리아 팝' 열풍이 아시아를 넘어 미국과 유럽 음반 시장을 뒤흔들고 있다.

향호(香湖)다. 향호는 그냥 호수가 아니라 석호(潟湖)다. 석호는 바닷물을 타고 올라온 모래가 쌓여 민물과 분리되거나 수로로 연결된 호수다. 주로 동해안 북부지역에 분포하며, 강릉 경포호와 풍호, 주문진 향호, 양양 쌍호와 매호, 속초 영랑호와 청초호, 고성 송지호와 화진포 등이 있다. 수심이 얕고 바닷물이 섞여 들어와 염분이 많고 물고기와 플랑크톤이 풍부해 물새 서식지로 적합하다. 우리나라는 1997년 7월 28일 '람사르 협약(물새 서식처와 습지에 관한 국제협약으로 1971년 2월 2일 이란 람사르에서 발족)'에 가입하였고,

호수 따라 내 마음도 호수가 되어

전남 순천에 아시아지역 습지 정보의 허브 역할을 하고 있는 '람사르 동아시아 지역센터'가 있다.

향호(香湖)에는 전설이 있다. 《강릉시사》에는 "향호리 본동에 있던 천년 묵은 향나무가 홍수 때 떠내려가 향호에 묻혀있는데, 나라에 경사스러운 일이 있으면 향나무가 호수 위로 떠올라 서광이 비친다. 호수 주위에는 취적정(取適亭), 강정(江亭), 향호정(香湖亭)이 있었으나 그 터만 남아있다"고 했다. 《임영지(臨瀛誌, 1933)》와 《강릉의 누정(樓亭)자료집(1997)》에도 향호정 이야기가 나온다.

"향호정은 강릉부 북쪽 오십리(府北五十里)에 있으며 강릉의 누각이나 정자 가운데 가장 먼저 건립되었다. 도경(蹈景) 최운우(1532-1605)는 이곳에 정자를 짓고 향호정이라 하고 향호를 자기 호로 삼았다. 우계(牛溪) 성혼과 안승겸이 풍광의 아름다움을 노래한 시

낚시터 부부

조가 전한다."

향호 데크가 이어진다. 곳곳에 낚시꾼이 눈에 띈다. 강릉우체국 최돈기는 "향호는 11월까지 장어 철이다. 장어 미끼는 미꾸라지를 쓰지만 장어는 잡식성이어서 새우도 먹고 아무것이나 잘 먹는다. 장어는 바다에서는 '아나고', 민물에서는 '뱀장어'라고 한다. 향호에 장어가 잡힌다는 소문이 나서 전국에서 낚시꾼이 몰려온다. 나는 1미터 20센티 되는 숭어를 잡은 적도 있다. 장어는 수로를 따라 민물로 들어오며, 물이 바뀌면 장어 색깔도 변한다"고 했다. 물고기만 아니라 사람도 일하는 곳이 바뀌면 언행이 바뀐다. 물고기나 사람이나 살아가는 이치는 비슷하다. 사람은 자연에서 태어나 자연에서 살다가 자연으로 돌아간다. 사람은 자연 생태계의 일부다.

군부대 담장 옆에 취적정(取適亭)이 서 있다. 조선 숙종 때 이영부가 정자를 짓고 호를 취적정이라 했다. "동창이 밝았느냐 노고지리 우지진다. 소치는 아이는 상기 아니 일었느냐. 재 너머 사래 긴 밭을 언제 갈려 하느냐." 시조로 유명한 약천(藥泉) 남구만(1629-1711)이 현판을 썼고, 삼연(三淵) 김창흡, 정승 김수 등이 시를 지었다. 주춧돌만 있었으나 2007년 복원하였다.

담장을 돌아서자 텅 빈 과수원과 낡은 원두막이 나타난다. "농사짓던 노인이 돌아가시면 금방 저렇게 됩니다. 자식들이 땅을 팔려고 그냥 묵혀두고 있는 겁니다." 토박이 박석균의 말이다. 탱자나무 울타리를 보며, 울타리 하나에도 자연과 조화를 고려했던 선조들의 지혜를 엿볼 수 있다.

맴! 맴! 맴! 맴! 매에엠! 매미소리가 울창하다. 소리에도 표정이 있다. 매미소리도 자세히 들어보면 각각 다르다. 사람도 목소리만 듣고도 상태가 어떤지 금방 알 수 있지 않은가? 곤충의 목소리에도 운율이 있고 색깔이 있다.

김인선은 《세상에서 가장 느린 달팽이의 속도로》에서 "나는 의성어 교육에 신중을 기해야 한다고 생각한다. 획일적이어서는 안 된다. 이를테면 까마귀는 '까악까악' 우는 것으로 되어 있지만, 실은 '까록까록'이나 '쿨럭쿨럭'으로 들리기도 한다. 개구리도 '개골개골' 운다고 하지만, 내가 듣기로는 '걀걀', '그갤 그갤', '스왯 스왜엣' 하고 울기도 한다. 유아나 초등학생한테 의성어 교육을 시킬 때 이미 정해진 의성어에 적응시키지 말고, 자신의 귀에 들리는 그대로 충실하게 듣도록, 자신만의 의성어를 개발할 수 있도록 하면 좋겠다. 이것이 자연을 깊이 이해는 데도 도움이 되고, 또 상상력이나 언어감각을 발달시키는 데도 무척 중요하지 않겠는가"라고 했다.

곤충과 물아일체가 되지 않으면 이런 글을 쓸 수 없다. 섬세한 감성으로 곤

충의 소리를 관찰한 작가의 노고가 느껴진다. 사람은 가도 글은 남아서 깨우침을 준다. 고 김인선 작가의 명복을 빈다.

나무 그늘이다. 남숙자가 오이를 꺼냈다. 그는 "오이 한 개에 천 원"이라고 했다. 오이 값은 금값인데, 무값은 똥값이다. 무가 풍년이다. 김광열은 "고랭지 무는 뽑지 않고 갈아엎거나 약을 뿌려서 다른 사람이 못 가져가게 한다. 밭주인과 농사짓는 사람, 무를 사서 넘기는 사람이 다르다. 한두 번 망해도 한 해만 잘 되면 본전을 뽑고도 남는다. 고랭지 무나 배추 농사는 어떻게 보면 투기다"고 했다. 배추를 갈아엎는 건 이해가 되지만, 약을 뿌려서 못 가져가게 하는 건 지나치다. 김광열은 해병대(780기) 제대 후 타일공, 다단계판매원 등 다양한 직업을 거쳤고, 에버리치밴드 창단 멤버로 활약했다. 장편소설을 좋아해서 손에서 책을 놓지 않는다. 요즘은 야구 배우는 재미에 빠져 있다고 했다.

숲길에 잡초가 무성하다. 무릎까지 올라온 잡초 사이로 토끼길이 나있다. 길은 관리하지 않으면 금방 망가진다. 구간별 '바우지기'가 있지만 길 관리는 마을 사람이 하는 게 가장 좋다. '제주 올레길'에서 한 수 배워야 한다.

밭일을 하고 있는 할머니를 만났다. 할머니 얼굴에서 땀이 뚝뚝 떨어진다. "할머니 좀 쉬었다 하세요." "아이고! 쉬나마나 참외농사를 조금 지었는데, 간밤에 너구리가 울타리를 타 넘어와서 다 뜯어먹고 달랑 세 개만 남았어요. 이것 줄 테니까, 길 가다가 잡수시오." "아니, 괜찮습니다." "늙은이가 주면 빨리 받아요. 가지나 고추도 있는데 조금 가져가시오." 농촌 인심은 살아있다. 참외를 배낭에 넣으며 허리를 깊이 숙였다. 주문진읍 향호길 247 정척시댁 최문자 할머니다.

밤이 토실토실 익어간다. 빨간 고추도 드문드문 눈에 띈다. 세 갈래 길이

참외 농사를 지어서 너구리한테 보시하고, 남은 세 개마저 길손에게 보시하는 최문자 할머니

다. 앞선 자가 보이지 않는다. 갈림길이 나오면 기다렸다 같이 가야 하는데 먼저 가버렸다. 김성호가 편육과 소주를 펼쳤다. 박말숙이 좋아한다. 김태국은 "박말숙이 오면 금방 즐겁고 유쾌한 분위기로 바뀐다"고 했다. 술이 한 순배 돌자 박석균이 고깔모자 같은 오동나무 이파리를 보며 최헌의 '오동잎'을 구성지게 불렀다. "오동잎 한 잎 두 잎 떨어지는 가을밤에……." 김광열은 "분위기가 이렇게 좋은 줄 몰랐다. 진즉 나오지 못한 게 후회된다"고 했다. 이야기가 이어진다. 남자들은 모였다 하면 군대 얘기다. 김광열이 해병대를 나왔다고 하자, 유연교가 "우리 신랑은 '해변대'를 나왔고, 아들은 '해병대'를 나왔다"고 했다. "'해변대'라니?", "해안초소 방위병도 몰라요?" 하! 하! 하! 웃음보가 터졌다.

김광열

저수지로 향했다. 김광열에게 물었다. "요즘은 책을 안 읽는가 봐요?" "일하면서 책을 들고 다니니까 주변에서 말이 많아요. 시간 여유가 있어서 책을 보는 게 아니라 남들 커피마시는 동안 틈틈이 읽곤 했는데, 동료들한테는 좋지 않게 보였나 봅니다." 직장생활이 쉽지 않은 이유다. 우리는 다름을 받아들이는 데 인색하다. 나한테 피해가 없으면, 다름을 인정해 주면 얼마나 좋을까? "주말은 어떻게 보내요?" "요즘 민간 야구단에서 야구를 배우고 있습니다. 오래전에 우체국에도 야구단이 있었는데 감독이 승부욕이 강해서 친선게임도 무조건 이겨야 직성이 풀리는 분이었어요. 경기하는 걸 지켜보다가 선수가 마음에 안 들면 나오라고 하고 본인이 직접 들어가 선수로 뛰었어요. 이기려고 야구를 하는 게 아니잖아요. 그 후로 야구는 거들떠보지도 않았는데 아는 분이 하도 권해서 민간 야구단에 들어갔어요. 감독이 초보라고 생각하고 하나부터 열까지 차근차근 가르쳐줬어요. 야구가 이렇게 재미있는 줄 몰랐어요." 야구 감독이 누구냐에 따라 이렇게 달라진다. 감독을 리더로, 선수를 직원으로 바꿔보자. 어떤 생각이 드는가?

《그거 봤어?》의 저자 김학준 PD는 "방송일을 야구에 비유한다면 실제 공을 던지는 투수는 후배 PD들이다. 난 투수코치의 역할이다. 좋은 선배는 시합에서는 뒤로 빠져서 멀리서 응원한다. 후배들이 마음껏 해낼 수 있는 환경을 만들어주고 시합 때 박수와 격려를 보내는 것, 이것만 잘하면 된다. 다른 게 없다"고 했다. 이게 간단한 것 같지만 쉽지 않다. 고수와 하수의 차이다. 당신은 어떤 사람인가?

나는 김광열이 책 읽기를 좋아하고 말을 재미있게 하는 사람으로만 알았다. 멀찍이 거리를 두고 있던 자도 길 위에 서면 이렇게 가까워진다. 또 물었다. "입사하기 전에 무슨 일을 했어요?" 그가 잠시 머뭇거렸다. 말을 하려면 생각이 고여야 한다. "다단계도 했고 타일 붙이는 '대모도(보조자)'도 했어요. 타일 대모도는 아버지 권유로 잠깐 했습니다. 시멘트와 모래, 물을 일정 비율로 섞어서 반죽을 만든 다음, 판에 받쳐 들고 벽에 칠하고 타일을 붙이는 일입니다. 일당은 세지만 팔이 아프고 무엇보다 손바닥에 지문이 없어집니다. 부친은 올해 일흔네 살인데 아직도 타일 붙이는 일을 합니다. 돈은 많이 벌지만 손바닥에 지문이 하나도 없어요." 우리 눈엔 돈만 보이지 노동에 담겨 있는 땀과 노고는 보이지 않는다. 알고 보면 만만한 일은 하나도 없다. 사람은 겉모습만 보고 판단할 게 아니다. 제대로 된 소통을 하려면 시간과 공을 들여야 한다. 소통과 교감이 어려운 이유다.

흙길과 밭길을 지나자 논둑길이 나타난다. 무리지어 핀 들꽃과 새소리, 바람소리뿐이다. 눈을 감고 새소리, 바람소리를 들으니 머리가 맑아지고 가슴이 따스해진다. 새로 지은 집 마당에 큰 바위가 길게 누워있다. 장군바위다. 주문진읍 승격 60주년 기념사업회에서 펴낸 《새말(新里)의 향기》 '김기설 강릉지명유래(1998)'에는 "두 개의 커다란 바위가 있는데, 앞에 있는 바위에는 커다란 장수 발자국이 다섯 개 박혀있다. 바위가 커서 20여 명이 놀 수 있고 이 바위 뒤에 더 큰 바위가 버티고 있어 앞 바위를 감시하는 듯하다"고 했다.

돌탑이 한 줄로 이어져 있다. 밭 한가운데에서 풀을 긁고 있는 할머니(김금하)를 만났다. "할머니, 지금 뭐 하세요?" "시아버지 묘 벌초하고 있소. 돌아가신지 40년 됐소." "조금 쉬었다 하세요." "그럽시다." 할머니가 목수건으로 땀을 닦으며 길 위로 올라왔다. 할머니는 땅바닥에 털썩 주저앉아 주전자에 물을 붓고 커피를 끓인다. "바우길 가는가?" "예." "어디서 왔소?" "강릉에서요." "우체국

장군바위

하면 윤정임이 잘 아는데.” “어떻게 아세요?” “내가 우체국 단골이잖아.” 세상이 좁다. 우리나라는 두세 다리만 건너면 연결된다. 할머니가 믹스커피 봉지를 뜯고 끓인 물을 부었다. “커피 한잔 하시오.” 나는 최문자 할머니한테 받은 참외와 연양갱을 내어놓았다. 삶은 이렇게 주고받는 일이다.

두런거리는 소리가 들리자 밭에서 일하고 있던 할아버지가 땀을 닦으며 나타났다. 주문진 읍내에 사는 정남시(80세) 옹이다. 마른 체구에 허리가 꼿꼿하고, 목소리도 카랑카랑하다. 눈빛도 형형하다. 전형적인 장수상(長壽像)이다. “다섯 남매를 낳아서 모두 출가시켰다. 서울 사는 딸이 예술의 전당에서 팔순 잔치를 해주었다. 팔순 잔치를 마치고 딸이 준 600만 원을 가지고 내려와 주문진 교항 7리 마을회관에 동네사람을 불러 모아 잔치를 베풀었다. 첫째 딸은 강릉 살고, 둘째 딸은 인천 ○○○병원 간호과장, 셋째 딸은 독일 유학을 다녀와서 번역사로 일하고 있다. ○○제약 부사장이 조카인데, 튼튼이

돌탑을 세운 정남시 할아버지

내려와 동네일도 하고 경조사도 챙긴다"며 자랑스러워했다.

노인은 '살아있는 도서관'이다. 노인의 경험과 지혜는 돈 주고도 살 수 없다. 이어서 그는 "향호 저수지 일대는 본디 초계정씨 70여 가구가 모여 살았는데 저수지가 생기면서 하나둘씩 떠나갔다"며 아쉬워했다. 그는 "장군바위 덕분에 바우길이 이곳으로 지나가게 되었다. 돌탑은 할멈하고 3년 동안 쌓았다. 길이 썰렁해서 계곡에서 돌을 주어다가 망태기에 담아 날랐다. 늙은이가 무슨 소원이 있겠는가. 자식도 잘 되고, 길 걷는 사람도 모두 잘 됐으면 좋겠다"고 했다.

할아버지는 얼마나 말이 고팠던지 사람을 잡고 놓아주지 않는다. 양해를 구했더니, 빨리 가라고 놓아준다. 김성호는 "배달 다니다 보면 노인들은 말이 고파서 사람만 보면 '커피 한잔하고 가라'고 하는데, 얘기를 듣다보면 끝이 없다"고 했다. 이제는 배고파 죽는 게 아니라, 외로워서 죽는다. 노인수가 늘고 있다. 앞으로 '말 들어주는 직업'이나, '말 들어주는 로봇'이 나오지 않을까?

갈대숲이다. 빗물에 개울 길이 끊어지면서 징검다리가 떠내려갔다. 논두렁 따라 누렇게 익은 벼가 바람 따라 흔들린다. 풀숲에서 여치가 뛰어오르고, 코스모스와 구절초가 소슬바람에 흔들린다. 가을은 소리로 오고 향기로 오고 색깔로 온다. 아! 가을이 오고 있다. 자작나무 숲길에 질경이가 피었다. 질경이씨는 차전자(車前子)다. 남산당에서 편내 《방약합편(方藥合編)》에는 "차전자는 약성이 차다. 안적질(眼赤疾)과 변비를 치료하고 소변이 잘 나오게 한다"고 했다.

저수지 제방이다. 1983년 6월부터 1987년 6월까지 농업용수 공급과 홍수조절을 위하여 만들었다. 길이 182m, 높이 15m, 저수용량 118만 m^3, 관개면적(농업용수 공급면적) 125ha다. 김동걸이 30년 된 배낭을 메고 왔다. 배낭이 낡아서 너덜너덜하다. 그는 물건을 한 번 사면 망가질 때까지 쓴다고 했다. 멀쩡한 물건도 한 번 쓰고 버리는 세상이다. 본받을 점이 많지만 어떤 때는 소비가 미덕이다. '절약의 역설'이다. 배낭 만드는 사람도 먹고 살아야 할 게 아닌가?

그는 사천에서 무공해 고추 농사를 짓는다. "집 가까운 곳에 외지인 밭이 있어 풀을 베며 관리해 주었더니, 땅 주인이 해마다 복숭아를 보내준다. 땅 주인은 청송에서 5천 평 규모로 고추 농사를 짓는데, 자기가 먹을 것은 농약을 안 치고, 내다 파는 고추는 농약을 친다"고 했다. 안타깝지만 이게 현실이다. 집을 짓든 농사를 짓든 내가 살고, 내가 먹는다 생각하고 일을 하면 얼마나 좋겠는가. 마음을 바로 써야 복을 받는다. 결국 돌고 돌아 자신과 후손에게 돌아간다.

멧돼지가 땅을 파헤쳤다. 멧돼지는 고구마, 옥수수, 둥굴레 뿌리를 좋아한다. 멧돼지가 한 번 지나가면 쑥대밭이 된다. 멧돼지, 고라니, 너구리 등 산짐승은 먹을 게 없으면 민가로 내려와 밭작물을 파헤친다. 먹이와 영역을 둘러싸고 쫓고 쫓기는 싸움이 벌어진다. 사람이나 짐승이나 먹고사는 게 전쟁이다. 산짐승을 위해 먹을 것을 남겨두면 어떨까? 선조들은 야박스럽지 않았다. '까치밥'을 남겨놓고, 벼이삭을 남겨두어 새들이 날아와 쪼아 먹게 했다. 사람과 짐승이 공생했다. 지금은 너 죽고 나 살자다. 사는 게 여유가 없고 야박해졌다. 어떻게 사는 게 잘 사는 걸까?

오르막과 내리막이 반복된다. 햇볕이 쨍쨍하다. 걸음이 지체된다. 데크길이다. 호수 뒤로 파란 하늘과 산 능선이 한 줄이다. 남숙자는 분홍 양산을 쓰고, 김현은 손풍기를 들었다. 박말숙은 그냥 걷는다. 박말숙은 "백두대간 종주기 《아들아! 밧줄을 잡아라》를 읽고 소감을 말했다. '만만한 산도 없고, 만만한 사람도 없다'는 구절이 가장 기억에 남는다"고 했다.

작가는 독자의 칭찬을 먹고 산다. 칭찬은 비타민이요 영양제다. 칭찬은 칭

길 위에 서면 저리도 맑고 푸른 것을

찬을 불러오고, 비판은 비판을 불러온다. 때에 맞는 칭찬 한마디는 작가에게 큰 힘이 된다. 칭찬의 힘은 크다.

등나무 그늘이 깊다. 등나무 의자에 둘러앉아 웃음꽃이 피어난다. 최제무와 유연교가 냉커피를 꺼냈다. 연양갱, 블루베리, 사과, 복숭아가 연이어 나온다. 가진 것을 나누면 넉넉하고 풍성해진다. 길에서 배우는 건 나누고 베푸는 삶이다. 바우길은 나눔 장터다. 파란 하늘 푸른 호수를 배경으로 현수막을 펼쳤다. 김훈은《자전거 여행 1》에서 "축복은 저 숨 막히는 무더위 속에 있었다. 힘센 여름은 이제 물러가고 있다"고 했다. 강아지풀과 호박꽃 사이로 구절초가 살짝 얼굴을 내밀었다.

날 잡기는 힘들었지만 보람도 컸다. 향호 돌탑에 얽힌 사연을 바우길 최초로 밝혀낸 것이다. 돌탑을 쌓고 사연을 들려준 노부부(정남시, 김금하)와 애써 농사지은 참외 세 개를 건네준 최문자 할머니께 머리 숙여 감사한 마음을 전한다.

Baugil Course

11km

14구간_ 초희 길

우리나라 어느 도시든 그 도시의 한가운데에서 바다까지 나아가는 숲길이 있는 곳은 없습니다. 그러나 강릉엔 그런 숲길이 있습니다. 이 길은 강릉터미널에서 내린 여행객이 신호등 하나만 건너 바로 원대재와 봉수대, 춘갑봉의 아름다운 숲길로 접어들어 허난설헌이 태어난 초당 마을을 지나 경포바다까지 나아가는 길입니다. 초희는 허난설헌의 본명으로 이 길은 그녀의 이름과 시만큼이나 아름다운 길입니다.

리더는 무엇으로 사는가?

사는 일이 만만찮다. 세상이 변했다. 리더들의 수난시대다. 곳곳이 크레바스(Crevasse)다. 말 한마디 잘못했다간 한 방에 훅 간다. 한 번 걸렸다 하면 해명도 듣기 전에 여론몰이 당해서 곤죽이 된다. 사람들은 리더를 비판하지만, 역으로 완장에 목말라 한다. 리더가 하는 일은 눈에 보이지 않는다. 판단과 결정의 연속이다. 별의 별일이 다 있다. 어떤 때는 보람이 있지만, 어떤 때는 부글부글 끓는다. 작은 문제라도 생기면 모두 리더 책임이다. 울타리도 없다. 리더는 어항 속의 금붕어다. 세상에 비밀 없다. 털면 다 나온다. 문제가 생기면 아무리 의도가 좋다 하더라도 소용없다. 해명을 해도 소용없다. 한 번 걸리면 살아나기 어렵다. '아니면 말고'식 무책임한 기사도 많다. 그래도 리더는 도전하는 자다. 조직이 사느냐 죽느냐는 리더가 어떻게 하느냐에 달려있다.

14구간은 강릉시청에서 화부산, 소동산 봉수대, 춘갑봉, 경포호를 지나 강문항에 이른다. 도심을 관통하는 마을길이다. 강릉 사람이라면 자주 다녔거

임영대종 앞에서

나, 익히 알고 있는 길이다. 강릉시의회 주차장이다. 다들 소풍 나온 어린이 마냥 설렘으로 반짝인다.

강릉시청 임영대종(臨瀛大鍾)이다. 매년 정월 초하룻날 타종식이 열린다. 2002년 10월 18일부터 2004년 12월 31일까지 2년 2개월간, 제작비 17억 6천만 원이 투입되었다. 상원사 동종 항아리 모양을 본떠 전통 밀랍 주조방식으로 만들었다. 무게 7.5톤, 높이 2.8m, 직경 1.6m다. 종각은 도편수 신응수 대목장이 만들었고, 종각 휘호는 전 대법원장 최종영, 종명 휘호는 전 부총리 조순이 썼다. 최종영과 조순은 강릉이 고향이다.

어떤 자는 강릉에 살아도 시청 앞에 큰 종이 있는 줄 몰랐다고 했다.

시외버스터미널 건너편으로 대숲이 길게 이어진다. 도심 한가운데 이런 숲이 있다는 게 신기하다. 강릉국유림관리소 임용진은 〈강원도민일보〉(2018. 12. 3.)에서 "도시 숲은 중심가보다 초미세먼지 수치가 40% 낮고, 나무 한 그루는 1년에 미세먼지 35.7g을 흡수한다"고 했다. 강릉은 도심 곳곳이 솔숲이고 대나무 숲이다.

신동균은 "오랜만에 바우길을 걸으니 몇 끼를 굶다가 고봉밥을 먹는 기분"이라고 했다. 말을 옮겨 적으니 그대로 시가 된다. 낡은 기와집 굴뚝에서 연기가 모락모락 올라온다. 김성호는 "고향 집 아궁이에 쪼그리고 앉아 군불을 지피던 어머니와 물이 끓던 가마솥 모습이 떠오른다"고 했다. 풍경은 잠들어 있던 감성을 일깨운다. 신동균과 김성호는 길 위에서 문학청년이 된다(김성호는 국민권익위원회 주관 '2018 국민참여 청렴콘텐츠 공모전' 사연수기 부문에서 장려상을 받았다).

가을은 색(色)이다. 노란 감과 연분홍 나팔꽃, 빨간 코스모스가 형형색색 마을을 수놓는다. 담장에 올려놓은 호박과 조롱박이 오누이처럼 정답다. 일렬종대로 뿌려놓은 무씨도 질서정연하다. 수확과 파종이 동시에 이루어지는 계절이다.

명리학자 조용헌은 《인생독법》에서 "배추는 밤에 달빛과 별빛을 받으며 자라고, 무는 낮에 햇볕을 받으며 자란다. 농사를 오래 지어온 시골 촌로들의 말이다"라고 했다.

곳곳에 새집이 들어서고 있다. 2018 평창동계올림픽 이후 서울~강릉 간 KTX가 개통되면서 도심 곳곳에 집 짓고 이사 오는 자가 늘고 있다. 홍광호는 “새집이 들어서면 집배원이 고달프다”고 했다. 직업은 세상을 보는 창이다. 무슨 일이든 빛과 그림자가 있다.

풍림아이원 아파트다. 미장원 광고판이 이채롭다. 가방을 멘, 털보 집배원이 편지를 전해주는 모습이 이채롭다. 김현은 “우체국 로고도 새로운 디자인으로 바꿨으면 좋겠다”고 했다. 호기심과 관심이 세상을 바꾼다. “생각하고 상상하는 게 남들 눈에는 망상으로 보여도 끊임없이 움직이며 상상으로 싸우는 것이다. 상상은 우리를 상상 너머 현실로 데려다준다.”《아무튼, 요가》 저자 박상아의 말이다.

2013년 4월 개관한 강릉시립미술관이다.

1층에는 ‘心 想 色 그리고 강릉’을 주제로 ‘2019 춘추회 강릉 특별전’이 열리고, 2층에는 ‘꿈의 정원’을 주제로 ‘정

지혜 화백 개인전'이 열리고 있다. 박부규는 "앞으로 미술에도 관심을 가져야겠다"고 했다. 무엇이든지 관심이 있으면 보이고, 보이기 시작하면 그때부터 달라진다. 심리학자 김정운은 2018년 11월 28일자 〈조선일보〉 '여수만만'에서 "시선은 곧 마음이다. 인간의 의사소통은 '함께 보기'에 기초한다. '함께 보기'가 가능하려면 누군가는 반드시 먼저 봐야 한다. 새로운 것, 낯선 것을 용기있게 먼저 보며 '함께 보기'를 요청하는 사람이 있어야 한다"고 했다. 리더는 바로 그런 사람이다. 리더는 '먼저보고, 함께 보기'를 요청하는 자다. 그렇다면 당신은 어떤 사람인가?

빗살이 돋는다. 비옷을 꺼내느라 분주하다. 30년 가까이 길 위에서 눈비 맞으며 살았던 최규인과 박부규는 "그냥 지나가는 비"라며 여유롭게 웃는다.

천기를 보는 눈은 하루아침에 만들어지지 않는다. 비는 곧 그쳤다.

명륜고등학교를 돌아서자, 계련당(桂連堂)이다. 조선 순조 10년(1810) 사마시에 합격한 선비들이 후진을 가르치고 정치담론을 펼치던 곳이다. 조선시대 과거에 급제한 선비를 절계(折桂), 진사를 홍연(紅連)이라 불렀는데, 절계의 '계'와 홍연의 '연'자를 따서 계련당이라 지었다. 고종 31년(1894) 과거제도가 폐지되면서 모임도 없어졌으나, 후손들이 모선계를 조직해서 관리해 오고 있다.

안내판에는 '고장의 발전과 미풍양속 진작을 위해 모이던 곳'이라고 했지만 그건 그냥 지어낸 말이고, 요즘 같으면 중앙무대에서 활약했던 이 고장 출신 전직 관리들이 모여서 정담을 나누고 우호를 다지던 카페 같은 곳이다. 명륜고등학교를 다녔던 신동균은 "학교 다니면서 별 생각 없이 지나다녔는데 쉰살이 넘어서 비로소 알게 됐다. 지금까지 뭘 하고 살았는지 모르겠다"고 했다. 괜찮다. 다들 그렇게 산다. 늦지 않았다. 주말 틈틈이 마을 주변을 돌아보자. 평소 무심코 지나던 곳도 자세히 들여다보면 선조들의 발자취가 남아 있다.

소롯길을 오르니 화부산(花浮山, 63m)이다. 멀리서 보면 꽃이 산위에 떠 있는 것처럼 보인다고 한다. 강릉의 향토지 《증수임영지(增修臨瀛誌)》에는 "강릉부 동북쪽 3리에 있다. 대관령에서 두 줄기가 갈라져 나왔는데 남쪽 줄기는 읍이고, 북쪽 줄기는 화부산이다. 화부산은 읍의 청룡구실을 하면서 향교의 주산이 되었다"고 했다. 유연교는 화부산을 "야간자율학습 때 땡땡이

치고 놀던 곳"이라 했고, 박말숙은 "껌 씹던 오빠들이 이곳에 올라와 맞장 뜨던 곳"이라고 했다. 예전엔 주먹깨나 쓰던 아이들이 세를 과시하며 학교 뒷산에서 대결을 벌이곤 했다. 홍란희는 옥천초등학교 교가(校歌)에 화부산이 나온다며 큰소리로 교가를 불렀다. 아직도 교가를 기억하고 있다니, 기억력이 놀랍다. 무슨 가사든지 반복해서 소리 내어 읽거나 따라 부르다 보면 자연스럽게 외워진다. 애국가, 군가, 기도문이 그렇지 않은가?

화부산 기슭에 향교가 있다. 향교는 서당공부를 마친 양반자제를 가르치던 국립중고등학교였다. 서원은 사립중고등학교요, 성균관은 국립대학교였다. 2010년 강릉문화원에서 펴낸《강릉의 풍수 스토리텔링》에 향교 유래가 나온다.

"고려 인종 5년(1127)에 왕명으로 여러 주(州)에 교육기관을 세우도록 조서를 내렸다는

계련당

기록이 있는 것으로 보아 이때부터 지방 관학교육기관인 향교가 처음 세워진 것으로 추정된다. 향교는 고을마다 설치되었고 남쪽만 해도 230여 개에 달했다. 향교 설립목적은 선현봉사(先賢奉仕)와 인재양성 교육이다. 최초의 강릉향교는 관아 동남쪽인 노암동에 있었다고 하나 정확한 위치는 알 수 없다. 병화(兵禍)로 불탄 후 200여 년이 지나도록 중건(重建)하지 못하다가 고려 충선왕 5년(1313) 존무사(存撫使) 김승인(金乘印)이 현 위치에 세웠고, 90여 년 뒤인 조선 태종 11년(1411) 화재로 불탄 것을 2년 뒤(1413) 다시 지었다. 이후 20여 차례 중건과 보수를 거듭하며 오늘에 이르고 있다. 규모는 총 248평으로 현존하는 향교 중 가장 크고 석전제를 올리는 대상 인물만 해도 136위나 된다."

조선의 임금과 양반은 백성에게 글을 가르치지 않았다. 세종은 훈민정음을 만들었지만 양반의 반대로 널리 보급되지 못했다. 양반은 오로지 가문의 명예와 입신양명, 당리당략에만 관심이 있었지 백성의 삶은 돌보지 않았다. 백성한테 거둬들인 세금으로 양반 자녀를 위해 향교를 세우고 서원 운영자금을 지원해 주었다. 조선은 백성의 나라가 아니라, 임금의 나라요 양반의 나라였다. 양반들은 백성을 어떻게 대했을까?

수원성 축조과정을 기록한 《화성성역의궤》에 공사에 참여했던 백성 이름이 나온다. '작은 끌톱장이 김삽사리(金揷士伊), 목수 박뭉투리(朴無應土里), 김개노미(金介老味), 최망아지(崔馬也之).' 이게 사람 이름인가? 짐승 이름인가? 백성을 개돼지 취급하면서 공자, 맹자만 공부해서 목민관이 되겠다고? 수신제가치국평천하라니! 이게 말이 되는 얘긴가? 이러니 허균이 《홍길동전》을 쓰고, 곳곳에서 백성들이 들고 일어나는 것이다. 조선 말기 백성들이 왜 동학과 천주학에 빠져들었겠는가? 백성을 개돼지가 아니라 사람대접 해

주었기 때문이다. 조선은 벌써 망했어야 했다. 그나마 세종이나 정조 같은 임금과 대동법을 제안하고 시행했던 김육이나 유성룡과 이순신 같이 나라 사랑, 백성 사랑하는 신하가 있어서, 500년을 지탱해 올 수 있었던 것이다. 나는 향교와 서원을 보며 백성을 위해 글을 만들고 글을 가르치려 했던 세종의 백성 사랑하는 마음을 떠올려본다. 양반에게 글은 곧 힘이요 권력이었다. 세종이 한글을 만든다고 했을 때 양반들이 목숨 걸고 반대한 이유를 알 것 같다.

강릉역을 장수처럼 호위하고 있는 당두(堂頭)공원이다.

강릉역과 종합경기장을 가로지르는 언덕이다. '2018 평창동계올림픽' 유치를 계기로 길을 넓히고 보도블록을 깔아 상큼하게 조성했다. 전망대에 오르니 화부산과 모루도서관, 시청이 한눈에 들어오고, 능경봉과 대관령, 선자

당두공원 전망대

령, 매봉을 잇는 풍차가 병풍처럼 펼쳐진다.

음식을 나누며 숨을 고른다. 소풍 나오면 남의 음식이 맛있고 특별해 보이는 건 왜 그럴까? 사과, 커피, 오이, 과자 등 가방에 있는 건 다 꺼내놓는다. 바우길은 음식과 대화를 나누는 다이아몬드 시간이다. 나는 쉬거나 걸으면서 자꾸 물어본다. '완장'은 질문하는 자다. 소통의 기본은 질문과 경청이다. 평소 말이 없던 자도 길을 함께 걸으면, 가벼운 질문만 던져도 속내를 술술 털어놓는다. 소통하려면 고개를 끄덕이며 들어야 한다. 다 알고 있는 얘기나 지루한 얘기가 나와도 끊지 말고 어금니를 꽉 다물고 끝까지 들어야 한다. 리더로 산다는 건 쉽지 않은 일이다.

마을길에 빨간 맨드라미가 피어있다. 선명하고 고혹적이다. 맨드라미는 꽃잎이 닭 벼슬처럼 생겼다고 계관(鷄冠) 또는 계두(鷄頭)라고 한다. 씨앗은 청상자(靑箱子) 또는 초결명(草決明)이다. 박석균은 "맨드라미 꽃잎은 호텔 음식에 장식용으로 올려놓기도 한다"고 했다. 여러 사람이 모이면 귀동냥만 해도 박사가 된다.

종합경기장과 '아레나(Arena)'가 지척이다. '2018 평창동계올림픽' 스케이팅 경기가 열렸던 곳이다. '아레나'는 로마시대 원형경기장이다. 바닥에 모래가 깔려있어 라틴어로 '아레나'라고 부른다. 요즘은 복싱, 농구, 스케이팅 등 실내경기를 위해 만들어진 건물을 통틀어 부르는 말이다. 경기장 이름을 우리말로 하면 안 되는 걸까? 생활 곳곳에 외국어 지천이다.

문화체육관광부와 사단법인 한글문화연대가 조사해 발표(2020. 3. 23.)한 '외국어 표현에 대한 일반 국민 인식조사' 결과에 따르면 조사대상자의 60%

이상이 외국어 표현 3,500개 중 30.8%인 1,080개만 이해한다고 했다. 일상에서 외국어 표현이 많이 사용되고 있다고 한 응답은 74%였고, 이에 대해 긍정적으로 생각하는 비율은 36.1%였다. 결국 외국어 표현이 범람하고 있고 무슨 뜻인지도 모르고 쓰고 있다는 것이다. 말과 글은 민족의 얼이자 자존심이다. 우리는 지금 잘 살고 있는 걸까?

소동산 봉수대(烽燧臺)다.

봉수(烽燧)와 파발(擺撥)은 고려와 조선시대 국경지역 군사상황을 중앙에 보고하기 위해 운영하던 통신망이다. 봉수는, 낮에는 연기로, 밤에는 횃불을 이용했으나, 낮에는 연기가 구름과 안개에 가릴 경우 한계가 있었다. 봉수의 보완책으로 선조 30년(1579) 집의(執義, 정3품) 한준겸의 건의로 파발을 설치했다. 파발은 말을 이용한 기발(騎撥)과 도보를 이용한 보발(步撥)이 있었다. 파발은 조직과 지역에 따라 직발과 간발이 있었고, 방향에 따라 서발과 북발, 남발로 나뉘었다. 서발은 기발이었고, 북발과 남발은 보발이었다.

조선 후기의 재정과 군사제도를 설명한 《만기친람(萬機親覽)》에는 인조 때 서발, 북발, 남발을 근간으로 하는 파발제가 완성되었다고 한다. 봉수는 1149년(고려 의종 3년) 확립되었고, 1422년(세종 4년)부터 1438년(세종 20년)까지 16년에 걸쳐 전국 650곳에 봉수대를 설치하였다. 봉수에는 봉수대 5기가 있었고, 5번까지 올리는 5구분법으로 운영하였다. 평소에는 한 줄기, 적 출현 시는 두 줄기, 적 근접 시는 세 줄기, 적 침입 시는 네 줄기, 적 접전 시는 다섯 줄기를 피워 올렸다. 봉수 배치 인력은 봉화군 또는 봉군이라 불렀는데, 목멱산(남산)에는 군사 20인과 오장 2인, 연해와 국경 지역에는 군사 10인과 오장 2인, 내륙 지역은 군사 6인과 오장 2인이 배치되었다. 여기서 오장(伍長)은 군사(봉수군)를 통솔하고 감시하는 지휘관이다.

봉수대 기점은 국경을 중심으로, 함경도 경흥, 황해도 강계, 평안도 의주, 전라도 순천, 경상도 동래 등 5곳이 있었고, 봉수는 각 코스를 따라 한양 목멱산까지 올라왔다. 한양 외곽에 지방에서 올라오는 봉수를 받는 5개 봉수대가 있었다. 제1봉은 경기도 양주 아차산(함경도와 강원도), 제2봉은 경기도 광주 천림산(경상도), 제3봉은 무악산 동봉(평안도, 황해도), 제4봉은 무악산 서봉(평안도와 황해도 해안), 제5봉은 경기도 양천 개화산(충청도, 전라도)이다. 전국에서 올라온 봉수 정보는 목멱산 봉수대 오장이 병조(국방부)에 보고하고, 병조는 매일 새벽 승정원(청와대)에 알려 임금에게 보고하였다. 봉수제도는 1894년(고종 31년) 전화 통신이 도입되면서 폐지되었다. 소동산 봉수대는 함경도 경흥에서 한양으로 올라오는 제1 직봉, 동래에서 한양으로 올라오는 제2 직봉의 간봉(間烽)으로 운영되었다. 코스는 북에서 남으로 양양~주문진 주문산~사천 사화산~강릉 소동산~강동(안인) 해령산~심곡 오근산~동해 어달산~삼척~울진으로 이어졌다(2004. 홍순석 《강릉향토사 산책》, 1992. 김기설 《강릉지역 지명유래》 참조).

소동산 봉수대는 기단부가 남아 있었으나, 1986년 11월 포남 배수지가 설치되면서 없어졌고, 같은 해 12월 현 위치에 작은 봉수대 모형을 설치하였다. 봉수대 복원사업은 2008년 4월 시작하여 같은 해 9월 완공하였다. 역사학자 김성식은 《내가 본 서양》에서 "영국인은 역사를 아끼고, 프랑스인은 역사를 감상하며, 미국인은 역사를 쌓아간다"고 했다. 봉수나 파발은 통신의 원조이며 대한민국 발전사와 맞닿아 있다.

춘갑봉(春甲峰)이다. 강릉시 포남동의 주산이며, 봄이 일찍 찾아오는 봉우리다. 동인병원 뒤쪽에서 초당으로 이어지는 일곱 개 봉우리 중 하나다. 처음에는 명예 퇴직자들이 많이 찾는 봉우리라고 '명퇴산'으로 불리다가, 2007년 4월 강릉시 주관 이름 공모전에서 당시 포남동 노인회장 최동정이 제안한 '춘갑봉'이 선정되었다고 한다. 춘갑봉에는 300년 된 서낭당이 있다. 매년 음력 8월 중정일(中丁日) 오전 1시에 마을의 안녕과 풍년을 기원하는 제를 지내고 있다. 제를 일주일 앞두고 새끼줄로 금줄을 치며, 성황신, 토지신, 여역신(癘疫神)을 모시고 제사상을 마련한다. 제물 중에 육고기는 닭을 올리고 닭죽을 끓여 마을 주민과 나눠 먹는다. 제의는 연장자 순으로 초헌관, 아헌관, 종헌관이 되어 제를 올리며, 제가 끝나면 소지(燒紙)를 한다.

경포대 가까운 곳에 봉수대와 춘갑봉이 있다. 강릉은 바다와 커피향도 좋지만 역사 유적지가 곳곳에 있다. 관심을 가지고 둘러보면 재미와 의미를 만끽할 수 있다.

녹색 도시체험센터다. '2019 강릉 바우길 해파랑길 함께 걷기축제'가 열리고 있다. 강릉우체국 보험설계사가 팝콘을 나눠주고 있다. 보험설계사는 때

강릉우체국 보험설계사와 함께

로는 어판장에서, 때로는 고랭지 배추밭에서 고객을 만난다. 어떤 때는 저녁을 세 번이나 먹을 때도 있다고 한다. 모든 영업은 실패와 거절을 바탕에 깔고 있다. 우리 눈엔 실패의 시간은 보이지 않는다.

라인홀트 메스너(Reinhold Messner)는 "나는 히말라야에 31번 도전했고 17번 실패했다. 나는 실패에서 배우며 성장했다"고 했다. 그는 1980년 히말라야 에베레스트 무산소 등정, 1986년 히말라야 8,000m 고봉 14좌 등정에 성공한 세계 산악계의 전설이다.

경포호와 가시연습지를 지나 강문항으로 향했다. 강문항 씨마크호텔 라운지다. 누구는 씨마크호텔은 고급스러워 가까이 갈 엄두도 못 냈다고 했다. 주눅들 필요 없다. 부자나 권력자는 겉보기엔 화려해 보이지만, 산이 높으면 골이 깊고, 빛이 밝으면 어둠도 깊다.

밀리언셀러 《오베라는 남자》 저자 프레드릭 베크만은 이렇게 말했다. "내가 아는 불행한 사람들은 모두 성공한 사람들이었다. 행복한 사람들은 재산이 얼마든, 직업이 무엇이든 '이 정도면 충분해'라고 했던 사람들이었다."

화무십일홍(花無十日紅)이다. 부러워하지 마라. 돈, 권력 그거 잠깐이다. 조금 없이 살더라도 나답게 살면 되는 것 아니겠는가.

후기

강릉 맛 집을 찾았다. 초당 '동심 막국수'다. 주인이 직접 빚은 메밀 찐만두가 일품이다. 비빔막국수에 과일 육수를 부어 먹는 '물비'도 있다. 이야기꽃을 피우며 편육, 물 막국수, 비빔막국수에 소주와 막걸리 한 잔도 곁들였다. 소주는 '처음처럼'이다. '강원도 인심'과 '강릉 맑은 물'로 빚었다. 고용인력 450명, 국세납부액 연간 1,500억 원이다. 해외에도 수출한다. 강릉에 오시면 '첫 마음'을 떠올리며 '처음처럼'을 이용해 주면 좋겠다.

Baugil Course

17.2km

15구간 _ 수목원 가는 길

강릉은 소나무의 고향입니다. 그래서 다들 강릉을 솔향이라고 부릅니다. 강릉솔향수목원은 다른 지역의 수목원처럼 인위적으로 조성한 꽃나무 동산 같은 수목원이 아니라 온산에 가득한 금강소나무를 중심으로 자연과 숲의 체험학습장처럼 가꾼 수목원입니다. 성산 먹거리촌에서 출발하여 솔향 가득한 강릉수목원과 대관령의 신라 고승 범일국사가 창건한 신복사지 삼층석탑을 지나는 천년의 향기가 흐르는 길입니다.

신복사지, 가을에 물들다

설악 단풍이 절정을 향해 치닫던 날, 대관령에 첫얼음이 얼었다. 나무는 색깔의 힘으로 절정을 향해 솟구친다. 단풍에는 천둥과 번개, 햇볕과 바람, 나무가 견뎌야 했던 눈물의 시간이 들어 있다. 색깔이 고우면 고울수록 인고(忍苦)의 시간은 길고 깊다.

성산행 버스를 기다렸다. 버스를 탔다. 카드 찍는 곳을 몰라 어리바리하자 버스기사가 퉁명스럽게 한마디 한다. “아니, 거기 말고, 위에다가 제대로 대세요.” 시내버스를 오랜만에 타니 그럴 수밖에. 울컥했지만 참았다. “무슨 사정이 있겠지”라고 생각하며 ‘내 탓’으로 돌리자 마음이 편해진다. “원래 나쁜 기사는 없고 현재 그 기사의 여건과 상태가 있을 뿐이다. 죄 없는 기사하고 승객만 늘 아옹다옹이다. 배차시간이나 속도를 교통약자의 속도와 리듬에 맞춰 재조정해 줄 것을 간곡히 부탁한다. 상대방의 입장이 되어보기 전에는 결코 그 사람을 이해할 수 없다.” 《나는 그냥 버스기사입니다》의 저자 허혁의 말이다.

이번 구간은 성산면사무소를 출발하여 솔향수목원과, 신복사지를 지나 단오문화관에 이르는 17.2km 길이다. 처음 온 자는 세 명이다. 최현순, 안중영, 임정수다. 최현순은 스키장 안전요원으로 10년 근무하다 집배원으로 전직했다. 안중영은 맑고 수줍다. 돌아가신 장인도 집배원으로 퇴직했다. 임정수는 유머와 순발력이 뛰어난 노총각이다. 친형도 집배원이다.

길을 나섰다. 선자령과 매봉 소황병산을 잇는 마루금에 하얀 풍차가 선명하다. 하늘빛이 바다다. "내 마음도 저리 파랄 수 있다면?" "파랗지 않아요?" "가면을 몇 개씩이나 쓰고 사는데요. 바우길에 오면 비로소 가면을 벗습니다." 인생이란 무대에서 맡겨진 배역을 수행하려면 내 뜻과는 상관없이 말하고 행동해야 할 때가 많다. 직장인은 문밖을 나서면서 가면을 쓰고, 집으로 돌아와서 가면을 벗는다. 내가 생각하는 나와 남이 생각하는 나는 다르다. 가족에게 존경받는 사람이 진짜 좋은 사람이다.

김진식과 나란히 걷는다. 그는 20년 전 강릉 구산으로 와서 처음 배달하던 때를 회상했다. "선배가 딱 하루만 배달구역을 가르쳐 주고 다음날부터 혼자 다니라고 했습니다. 기가 막혔습니다. 일주일 내내 동네사람에게 물어서 집배지도를 만들었습니다. 눈물로 만든 지도였습니다. 오랫동안 가지고 다녔는데 이사하면서 잃어버렸습니다. 그때 선배가 왜 그랬는지 모르겠습니다." 자상하고 부드러운 선배가 존경받는다. 벼도 익으면 고개를 숙인다. 하수는 빳빳하고, 고수는 부드럽다.

바람 따라 누런 벼 이삭이 출렁인다. 벼는 농부의 발자국소리를 듣고 큰

다. “저 안에 태풍 몇 개, 천둥 몇 개, 땡볕 두어 달”이라고 했던 장석주 시인의 ‘대추 한 알’이 생각난다. 안중영은 “벼 익는 모습만 봐도 좋다. 어릴 때 농사지으며 자랐다. 오랜만에 들녘에 나오니 참 좋다”고 했다. “지난 삶을 추억하는 것은 그 삶을 다시 한 번 사는 것과 같다.” 로마 시인 마티에르의 말이다.

개 짖는 소리가 가깝다. 강릉시 유기동물보호소다. 철망에 갇힌 개들이 꼬리를 흔들며 짖어댄다. 눈동자에서 간절함이 느껴진다. 개들은 주인이 찾으러 올 때만 기다리며 기약 없는 날을 보내고 있다. 개는 어떤 상황에서도 인간을 배신하지 않는다. 달면 삼키고 쓰면 뱉는 인간들이다. 버려진 개는 동물보호센터에서 10일간 공고기간을 거친 후 생사가 결정된다.

‘농림축산검역본부 동물보호과 보도자료(2019. 7. 22.)’에 따르면, “2018년 한 해 동안 유기, 유실되어 전국 298개 동물보호센터에서 처리한 반려동

자기를 버린 주인을 애타게 기다리며

물은 12만 1,077마리였다. 그중 13%는 주인을 찾아주었고, 27.6%는 새 주인을 만나게 해 주었다. 20.2%는 안락사시켰고, 23.9%는 자연사, 11.7%는 임시보호 중이라고 했다. 강원 동물반려센터 유주용은 2018년 8월 3일 〈강원CBS〉 인터뷰에서 "2017년에 버려진 동물 10만 2천마리 중 여름 휴가철에 버린 동물은 32.3%였다"고 했다. 능력이 없으면 키우지 말든가, 무슨 장난감도 아니고 애지중지 하다가 필요 없다고 버린 인간을, 그래도 주인이라고 믿고 기다리고 있는 동물에게 미안했다. 마음을 바로 써야 하는 일이 잘 된다.

우리 집에는 고양이 세 마리가 있다. 길에서 데리고 들어온 '길냥이'다.

까미는 아들이 하굣길에 데리고 들어왔다. 아내는 동물보호소에 갖다 주라고 했지만, 며칠만 데리고 있어 보자고 했는데 14년이 되었다. 혜미는 딸이 차 밑에서 비를 맞고 오들오들 떨고 있는 새끼 고양이를 데려왔다. 13년 되었다. 장미는 아내가 11년 전 여름, 아파트 입구에서 꼬맹이들이 장난감처럼 가지고 노는 새끼고양이(입 주위에 피부병이 걸린)를 데려왔다. 아내는 이제 동물보호에 앞장서는 '캣맘'이 되었다. 동물자유연대 회원으로 가입했고, 동네 캣맘과 네트워크를 만들어 길냥이 집을 지어주고 사료를 갖다 주고 있다. 모 국회의원과 연대하여 동물보호법 개정운동에도 나서고 있다. 나도 승용차 트렁크에 삽을 싣고 다니며 로드킬 당한 동물을 묻어주고 있다. 고양이 한 마리가 가져온 놀라운 변화다.

강릉은 감의 도시다. 집집마다 감나무가 있다. 감이 익어 홍시가 되어도 딸 생각을 하지 않는다. 홍시가 풀숲에 툭툭 떨어져 여기저기 흩어져 있다. 밤도 지천이다. 인제에서 달려온 김광진은 밤 줍기에 바쁘다. 감도 풍년이요, 밤도 풍년이다. 대추도 지천이다. 대추 크기가 밤알이다. 주렁주렁 달려있는 왕 대추를 따서 배낭에 넣었다.

대추나무 밑에서 최현순에게 물었다. "스키장 안전요원으로 근무했다고 했는데 수준이 어느 정도 되나요?" "중상급 정도 됩니다." "스키장에서 안전사고가 종종 발생하는데 주로 어떤 사고인지요?" "초보에서 어느 정도 숙달된 사람들이 사고를 많이 냅니다. 아직 더 익혀야 하는데 스스로 과대평가해서 급을 올려 도전하다 급경사에서 중심을 못 잡고 데굴데굴 구르면서 쇄골이나 팔다리, 갈비뼈가 부러지는 사고가 많습니다." 까불면 안 된다. 욕심이 화를 부른다. 무슨 일이든 단계별로 연습과 준비가 필요하다. 우리는 기다리지 못한다. '빨리빨리' 서두르다가 일어나는 사건사고가 얼마나 많은가.

구절초가 피어있다. 무리지어 피는 꽃도 있고, 홀로 피는 꽃도 있다. 봄에 피는 꽃도 있고, 가을에 피는 꽃도 있다. 아무리 화려한 꽃도 서리 맞으면 금방 시들해진다. 꽃이나 사람이나 피고 지는 모습이 비슷하다. 칠봉산이 한눈에 들어온다. 고려시대 쌓은 것으로 추정되는 산성터가 남아있다. 《조선보물고적조사자료》에는 "왜구를 막기 위해 4km에 걸쳐 축조하였다"고 했다. 지금은 서쪽에 성벽 일부만 남아있다. 강릉에는 보현산성, 제왕산성, 괘방산성 등 왜구나 여진족의 침입을 막기 위해 쌓았던 성터가 곳곳에 남아있다.

솔향수목원 가는 길. 농부가 들깨를 베어 가지런히 묶고 있다. 길옆에 알밤을 줍느라 허리를 숙이고 있는 자의 모습과 겹쳐져 풍광을 이룬다. 숲길에서 숨을 돌린다. 최제무, 유연교 부부는 내린 커피를, 김동걸은 삶은 밤과 왕대추를, 김성호는 옥수수를 가져왔다. 음식을 나누려는 시냇물 같은 마음이 모여서 소통과 화합의 큰 강을 이룬다. 음식은 감성을 자극한다. "조선인은 10%의 이성과 90%의 감성이다." 구한말 계몽운동을 벌였던 윤치호 선생의 일기 《물 수 없다면 짖지 마라》에 나오는 말이다. 우리나라 사람은 화도 잘 내지만 용서도 잘한다. 화가 머리끝까지 치솟았다가도 미안하다고 사과하면 금방 화를 푼다. 박부규 모자에 구절초가 피었다. 김진식과 임정수가 꽃을 꺾어 꽂아주었다. 후배가 선배에게 드리는 존경의 표시다. 맑고 아름다운 '꽃 마음'이 피어난다.

산북리와 버들고개를 지나자 솔향수목원이다. 옛 지명은 용소골이다. 2013년 10월 30일 문을 열었다. 규모는 1,127종 22만 본으로 조성되었다. 관목원, 비비추원, 사계정원, 수국원 등이 있으며 전망대까지 이어지는 생태 관찰로는 휠체어와 유모차도 올라갈 수 있다. 숲 체험학습과 산림욕을 할 수 있고, 커피명가 '테라로사'도 가깝다. 새소리 물소리와 함께 꽃도 보고 커피도 마시며 쉬어갈 수 있는 숨은 명소다.

징검다리를 건넌다. 박말숙은 이곳이 고향이다. 어린 시절 친구와 멱 감고 물장구치던 곳이다. 친구는 도시로 가고 홀로 남아 고향을 지키고 있다.

형형색색 눈부신 야생화 열병식이 펼쳐진다. 가을꽃은 대기만성(大器晩成)이다. 가을꽃은 넉넉한 중년 여인이다. 은은한 여유와 여백이 느껴진다. 구정리 들녘, 벼 익는 모습은 밥 안 먹어도 배부르다.

조기완이 너럭바위에서 손짓한다. 그의 아내가 부침개와 전병, 막걸리를 가져왔다. 아내한테 얼마나 잘했으면 이럴까 싶다. 부부라도 오는 정이 있어야 가는 정이 있다.

팀 페리스는《지금하지 않으면 언제 하겠는가》에서 "인생에서 소중한 것은 병렬처리 하여야 한다. 건강, 인간관계 등은 하나를 해결하고 다른 것을 해결하는 순차적인 방식으로는 얻을 수 없는 가치다. 그동안 아내에게 소홀히 해 놓고, '자 이제 먹고 살만해졌으니 가족에게 충실해볼까?'라고 생각할 수는 없는 것이다"라고 했다. 고생 고생하다가 먹고 살만하니까 건강문제로 어려움을 겪는 자가 얼마나 많은가? 돈 많이 벌어서 호강시켜준다고 하지 말고 있을 때 잘하자. 꽃 한 송이, 마음을 담은 손편지 한 장, 때에 맞는 말 한마디로도 충분하다. 나중은 없다. 있을 때 잘하자.

황금들녘 사이로 억새와 코스모스가 바람에 흔들린다. 파란 하늘을 배경으로 고즈넉한 풍경이다. 박말숙 생가가 가깝다. 그는 "어릴 때 코스모스를 머리에 꽂고 아이들과 함께 논둑길을 쏘다니던 모습과, 모내기 할 때 일꾼들과 왁자하게 못밥을 먹던 기억이 난다"고 했다. "아버지는 언니, 오빠를 학교에 보낼 때마다 논을 하나씩 팔아서 돌아가실 때에는 거의 남지 않았다"고 했다. 그는 6남매의 막내였다. 그때는 농사지어서 자식을 가르치기 어려웠다. 대학은 맏이만 보내고 동생은 초등학교를 마치면, 서울로 가서 공장에 취직하거나 시골에 남아서 농사일을 거들었다. 중 · 고등학교 검정고시와 방송통신대학교가 그래서 생겼다. 오죽했으면 대학을 '우골탑(牛骨塔)'이라고 했겠는가.

장현저수지를 바라보며 코스모스 길에서 소풍 이야기가 화제다. 박석균은

“강릉에서는 초등학교 소풍 장소가 회산, 병산, 초당이었다. 지금은 관광지가 되었지만, 어릴 때 추억이 묻어있다”고 했다. 바우길은 추억의 마법사다. 멀리 칠성산이 보인다. 신동균은 “1996년 북한 잠수함이 좌초되어 무장공비 한 명이 칠성산으로 숨어들었는데, 이맘때쯤 마을 주민 한 명이 송이 캐러 갔다가 무장공비와 맞닥뜨려 그 자리에서 죽었다. 배달 다니다 보면 마을 사람들이 지금도 그 얘기를 한다”고 했다. 신동균이 말하는 ‘칠성산의 추억’이다.

감, 조, 모과, 배추, 수수, 코스모스 열병식이 이어진다. 풍광 사이로 팔각정 건물이 이채롭다. 한정식집 ‘카페 선’이다. 무농약과 친환경을 실천하는 퇴역군인이 운영하는 식당이다. 억새군락 위로 파란 하늘이 명징하다. “눈이 부시게 푸르른 날은 그리운 사람을 그리워하자. 내가 죽고서 네가 산다면, 네가 죽고서 내가 산다면. 눈이 부시게 푸르른 날은 그리운 사람을 그리워하자.” 서정주 작사, 송창식 노래 ‘푸르른 날’이 생각나는 들녘이다.

노부부가 농기계로 나락을 옮겨 싣고 있다. 예전엔 벼를 베어 정미소에서 탈곡한 후, 자루에 벼를 담아 수매현장까지 싣고 갔는데, 이제는 모든 과정이 한 번에 이루어진다. 바우길에서 만난 생생한 영농기계화 현장이다.

구정문화마을 너머 한국폴리텍대학 강릉캠퍼스다. '기술을 빚다. 일자리를 잇다. 취풍당당' 현수막이 한눈에 들어온다. 기술과 일자리는 우리 사회 화두다. 빨리 경기가 좋아져서 청년 실업이 줄어들었으면 좋겠다. 직업관도 달라지고 있다. 사물인터넷, 빅데이터, 인공지능, 로봇으로 상징되는 4차 산업시대다. 사(士)자 붙은 직업은 부침을 겪을 것이다. 어떻게 사는 게 잘 사는 걸까? 공부 잘하던 아들은 명절 때 아니면 얼굴 보기 힘들고, 공부도 못하던 아들은 가까이 있으면서 밥도 사고, 아플 때 달려와 어깨도 주물러준다. 쭉쭉 뻗은 나무는 한양으로 가고, 굽은 나무가 고향 선산을 지킨다.

내곡동(內谷洞)이다. 옛 지명은 '노래곡'이다. 유래비가 서 있다.

"노래곡에 최운상이라는 사람이 살았다. 부인 심씨는 시어머니를 모시고 살았는데 음식을 잘 먹지 못하자, 자신의 젖을 짜서 시어머니를 봉양했다. 심씨 부인처럼 효성이 지극한 사람들이 모여 사는 동네라고 해서 중국 춘추전국시대 스물네 명 효자 중 한 명인 노래자(老萊子) 옛 이름을 따서 노래곡이라 하였다."

유래비 북쪽 오솔길을 넘어서자 신복사지(神福寺址)가 나타난다. 솔숲에 둘러싸인 절터는 고향 집 아랫목처럼 안온하고 푸근하다. 신복사지는 굴산사지 당간지주, 수문리 당간지주, 대창리 당간지주와 함께 범일국사 사굴산문에 속해있던 절터로 추정된다. 절터에는 여말선초 민초 속으로 들어가 생활불교를 실천했던 범일국사의 숨결이 깃들어 있다.

강원대 교수 차장섭은《자연과 역사가 빚은 땅 강릉》에서 이렇게 말했다.

“1936년 일제강점기 때 발견된 신복(神福)이라 새겨진 기왓장을 동경대 박물관에 감정한 결과 880년 전후로 분석되어 굴산사 창건 당시 범일국사에 의해 같이 지어진 것으로 추정된다. 신복사라는 절 이름은 강릉향토지인 《임영지(臨瀛誌)》에 신복사(神伏寺), 심복사(尋福寺) 등으로 혼용되고 있으나, 1996년 강릉대 박물관이 실시한 시굴조사에서 신복사(神福寺)라고 새겨진 기왓장이 여러 개 발견됨으로써 더욱 분명해졌다. 신복사는 조선시대 숭유억불정책과 율곡의 영향으로 성리학이 번창하면서 조선 중기 이후 폐사된 것으로 추정된다. 그러나 마을 주민에게 전해오는 폐사 이유는 따로 있다. 절터에서 30m가량 떨어진 곳에 여근과 비슷한 바위가 있다. 직경 3m 바위는 가운데가 갈라져 있고, 갈라진 틈새를 비집고 굵은 나무가 남근처럼 깊이 뿌리박고 있다. 이곳에서 자식 없는 아녀자가 잉태를 기원하거나 청상이 된 아낙네가 설움을 토해내며 기도를 바치곤 했는데, 신복사 스님들이 바위 생김새를 보고 속세가 그리워 모두 절을 떠나면서 폐허가 되었다고 한다.”

신복사지 삼층석탑 앞에서

그랬다. 실제로 탑 주변을 살펴보니 풀숲에 둘러싸인 여근석 위에 남근 모양의 나무 한 그루가 우뚝 솟아있다. 선조들은 이야기꾼이었다. 민초들은 이야기 속에서 인간적이고 세속적인 욕망을 가식 없이 드러냈다. 부처는 속마음을 숨기고 고고한 척했던 양반보다 가식 없고 진솔했던 민초를 더 사랑하지 않았을까? 조선은 유교 국가였지만, 민초들은 일상에서 부처로 살고 의지하며 고단한 삶을 견뎌낼 수 있었다. 인간은 현실에서 겪는 고통이나 어려움을 신에게 털어놓고 도움을 청하는 종교적인 존재다. 조선의 양반들은 성리학에 매몰되어, 민초들의 삶과 소망에 다가가려 하지 않았다. 글자도 모르고 하루하루 무지렁이처럼 살아가는 평민이나 천민에게 무슨 희망이 있었겠는가. 천년을 넘어 민초들의 삶 속에 면면이 이어져온 부처의 힘을 신복사지에서 느끼게 된다.

바우길은 그냥 길이 아니다. 누군가에게는 켜켜이 쌓인 한을 풀어내는 해우소가 되기도 하고, 누군가에게는 어릴 적 기억을 불러오는 추억의 마법사가 되기도 한다. 길은 각자 걷지만 동료가 있어 든든하고 여유롭다. 생각 같아서는 하루에 한 사람씩 같이 걸으며 살아온 얘기를 듣고 싶었다. 소설가 성석제는 "눈여겨보면 누구도 평범하지 않다"고 했다. 천년을 지켜온 삼층석탑 석조보살 머리 위로 곱게 물든 단풍 하나가 살짝 내려앉았다.

후 기

두 사람 이야기를 길게 적었다. 김진식은 비가 오나 눈이 오나 길 위에 서 있는 집배원이다. 박말숙은 40년째 고향에서 우체국을 지키고 있는 느티나무다. 말이 6남매지 지금 같으면 어림도 없는 얘기다. 없는 살림에 아이를 낳고 키우며 한 평생을 살아냈을 부모님 세대를 생각하면 숙연해진다. 바우길이 아니었으면 어디에서 이런 속정 깊은 이야기를 들을 수 있겠는가?

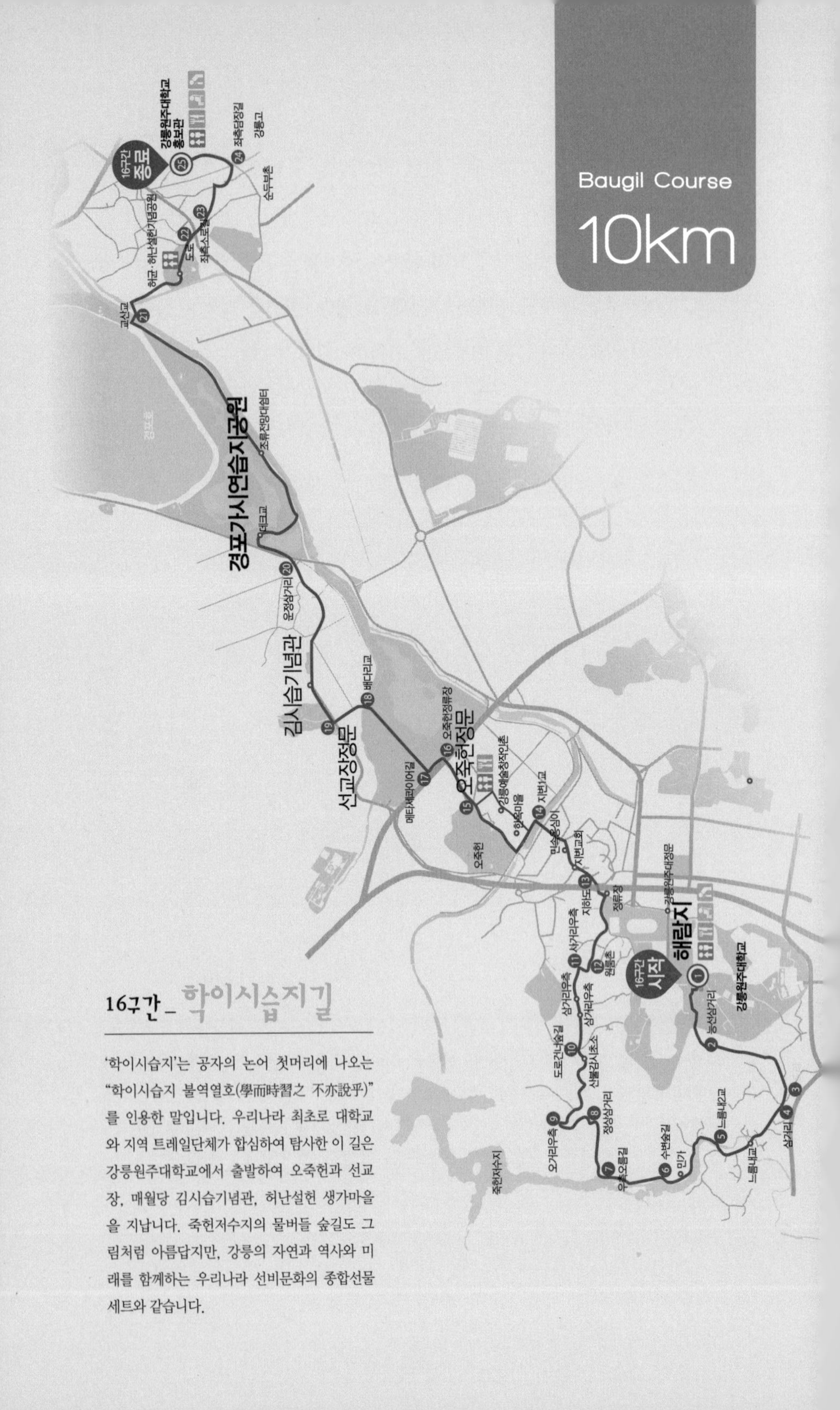

16구간 _ 학이시습지길

'학이시습지'는 공자의 논어 첫머리에 나오는 "학이시습지 불역열호(學而時習之 不亦說乎)"를 인용한 말입니다. 우리나라 최초로 대학교와 지역 트레일단체가 합심하여 탐사한 이 길은 강릉원주대학교에서 출발하여 오죽헌과 선교장, 매월당 김시습기념관, 허난설헌 생가마을을 지납니다. 죽헌저수지의 물버들 숲길도 그림처럼 아름답지만, 강릉의 자연과 역사와 미래를 함께하는 우리나라 선비문화의 종합선물세트와 같습니다.

학이시습지 불역열호(學而時習之 不亦悅乎)

이이

김시습

천재는 타고난다. 천재는 하나를 가르쳐 주면 열을 안다. 이파리가 움직이는 것만 보고도 바람의 근원을 찾아낸다. 천재는 고집이 세고 자기주장이 강하다. 천재는 시대를 잘 타고나면 능력을 꽃피우지만, 그렇지 않으면 시대와의 불화를 겪으며 파란만장한 삶을 살아간다. 강릉에는 조선의 천재 율곡 이이가 태어난 오죽헌이 있고, 우리나라 최초의 한문소설 《금오신화》의 저자 매월당 김시습기념관이 있다.

16구간은 '학이시습지길'이다. 조선의 유명한 학자와 고택이 있어, 소풍이 아니라 역사탐방이다. 강릉원주대 해람지(解纜池)

에서 오죽헌과 선교장, 김시습기념관, 경포 가시연습지를 지나 초당(草堂 : 허균의 아버지 허엽의 호)에 이르는 10km 길이다. 김시습과 학이시습지가 절묘하다. 어숙권(魚叔權)은 《패관잡기(稗官雜記)》에서 "김시습의 일가 할아버지였던 최치운(釣隱, 崔致雲)은 시습이 세상에 나온 지 8개월 만에 스스로 글을 깨우쳤다"고 했다.

강릉원주대를 둘러싸고 있는 솔 숲길로 들어섰다. 비 온 뒤 숲길은 피톤치드 천국이다. 말랑말랑한 땅에서 맑고 힘찬 기운이 올라온다. 김현이 현기증을 호소하며 털썩 주저앉았다. 저혈압이라고 했다. 호흡을 고른 후 곽종일과 함께 내려 보냈다. 박말숙은 엊저녁 유붕자원방래주(?)를 먹었다고 했다. 임서정은 강정웅에게 커피를 권했으나 역류성 식도염이 있다고 했다. 전영재는 외투를 입고 땀을 뻘뻘 흘렸다. 정상인 자는 하나도 없다. '골골 팔십 팔팔 육십'이다. 골골거리는 자는 잔병치레하면서 오래 살지만, 팔팔한 자는 건강을 과신하다가 한 방에 훅 간다. 튼튼하게 살려면 소언(小言), 소사(小思), 소식(小食)하며 규칙적인 생활을 해야 한다.

모솔 성황당이다. 모솔은 지변동의 옛 이름이다. 박석균은 "어릴 때 '모솔 아재'라는 소리를 많이 들었다"고 했다. '아재' 앞에 사는 동네 이름을 붙여 불렀다. 조선의 양반들은 이름을 함부로 부르는 것이 예의에 어긋난다고 해서 어릴 때는 아호(兒號), 성인이 되면 자호(字號)를 지어 불렀다. 자(字)는 스승이나 집안 어른이 지어주었으며, 이름과 비슷하게 짓거나 성품을 살펴 부족한 부분을 보완하였다. 예를 들어 허균의 자는 단보(端甫)였는데, 성품이 경박했던지 단정한 사람이 되라는 뜻이 담겨있다. 명필 한석봉의 이름은 한호(韓濩)지만, 이름보다 호(석봉, 石峯)가 더 유명하다. 호(號)는 요즘 말로 하면 '별명'이다. 학교 다닐 때 선생님이나 친구 이름은 기억이 잘 안 나지만, 별명은 금방 기억난다. 가족이나 지인에게 호를 지어주고 이름 대신 불러주면 어떨까?

대숲을 지난다. 임서정이 다가온다. 그는 중어중문학을 전공했지만 가장 기억나는 건 논어 '학이'편에 나오는 '학이시습지 불역열호(學而時習之 不亦悅乎) 유붕자원방래 불역낙호(有朋自遠方來 不亦樂乎)'라고 했다. 배우고 때때로 익히니 기쁘지 아니한가. 멀리서 벗이 찾아오니 또한 즐겁지 아니한가. 글을 모르던 어머니가 글을 배워 "나도 이제 까막눈이 아니다"라고 하며 좋아하던 모습이 떠오른다. 군 제대 후 공부하던 시절, 늦은 밤 함박눈을 이고 골방까지 찾아온 친구가 종이봉지에서 꺼내주던 따끈따끈한 호떡도 생각난다.

한옥 체험마을이다. 신사임당이 율곡을 잉태한 오죽헌 몽룡실이 가깝다. 율곡은 신사임당 7남매(딸 넷, 아들 셋) 가운데 셋째 아들이다. 용꿈을 꾼 후 태어났다고 아명(兒名)이 현룡(見龍)이다. 율곡이 11살 때였다. 부친 이원수가 꿈을 꾸었는데 백발노인이 나타나 "이 아이는 대유(大儒)다. 이름을 옥(玉)에 귀(耳)를 붙인 글자로 하라"고 해서 이때부터 이름을 이(珥)로 바꿨다고 한다.

오죽헌이다.

사임당과 율곡이 태어나고 자란 곳이다. 정호희는 《여행자를 위한 도시의

오죽헌과 600년 된 배롱나무

인문학 강릉》에서 "오죽헌은 사임당 어머니 용인이씨의 집이었다. 1505년 병조참판을 지낸 최응현이 아들이 없자, 사위 이사온과 둘째 딸 사이에서 태어난 용인이씨(무남독녀)에게 소유권이 넘어왔다. 용인이씨도 딸만 내리 다섯을 낳았다. 용인이씨의 둘째 딸이 사임당 신 씨다. 아들이 없고 딸만 있으니 제사를 지내고 조상 묘를 돌보는 일은 사위 몫이었다. 조선에는 딸만 있는 양반을 위해 외손봉사와 배묘손 풍습이 있었다. 용인이씨의 외손자였던 율곡은 외가 제사를 맡아보는 '외손봉사'를, 용인이씨의 넷째 사위였던 권화의 아들 권처균에게는 조상 묘를 돌보는 '배묘손'을 맡겨 선영을 돌보게 하였다. 권처균은 집 주위에 까만 대나무가 많은 것을 보고 호(號)를 오죽헌이라 하고, 집 이름도 오죽헌이라 지었다"고 했다.

권처균은 율곡 이이의 이종제(姨從弟)다. 본관은 안동, 자는 사중(士中), 호는 오죽헌이다. 과거 문과 정시(庭試)에 합격하였으나 허균이 "권처균은 이이의 무리(西人)"라고 하며 관직 진출을 막았다. 이후 권처균은 벼슬에 뜻을 버리고 낙향하였다. 예나 지금이나 아무리 뛰어난 자도 '이념과 당파 프레임'을 씌우면 무슨 말을 해도 통하지 않는다. 왜 그랬을까? 역사에서 배우는 건 인과응보(因果應報)다. 이후 허균도 크게 당했다. 남의 눈에 눈물 나게 하면 내 눈에는 피눈물이 난다. 사람은 길게 보며 착하게 살아야 한다.

오죽헌을 걷는데 엄마 손을 잡고 가는 꼬맹이가 물었다. "엄마, 여기가 무엇 하는 곳이야?" 엄마가 말했다. "오천원과 오만 원짜리에 나오는 사람 있지, 그 사람이 태어난 곳이야"라고 했다. 오죽헌을 이렇게밖에 설명할 수 없는 걸까? 아이를 데리고 역사유적지를 찾으려면 아이의 눈높이에 맞춰 설명해 줄 수 있는 역사지식을 갖추어야 한다. 부모노릇하기도 쉽지 않은 세상이다.

10월 오죽헌은 행사로 풍성하다. 백일장과 휘호 대회가 한창이다. 어린이부터 팔순 노인까지 휘호를 쓰거나 엄마아빠를 따라온 꼬마들이 글짓기에 한창이다. 단풍으로 물든 오죽헌 앞뜰에 과거 시험장 같은 광경이 펼쳐진다. 율곡초등학교 3학년 송단(宋煓)은 글 쓴 걸 보여 달라고 하자 주저하지 않고 번쩍 치켜들었다. '율곡선생 격몽요결'이다. 눈동자가 초롱초롱하

율곡초등학교 3학년 송단

고 똘망똘망하다. 《격몽요결》은 율곡이 선조 10년(1577년) 어린이에게 부모를 봉양하고, 몸을 닦고, 독서의 방향을 알려주기 위해 지은 책이다. 요즘 같으면 초등학교 바른생활 교과서인 셈이다.

박부규와 홍광호는 "20년 만에 처음 왔다. 강릉에 살아도 이런 광경은 처음 본다"고 했다. 사람들은 가까이 있는 것은 귀한 줄 모른다. 돈과 시간을 들여 멀리 가려고만 한다. 오죽헌 입구에 석불입상(石佛立像)이 보인다. 원래 대창리 당간지주 옆에 있었는데 1992년 옮겨왔다. 마모가 심해서 자세히 들여다보지 않으면 형체를 알 수 없다. 신라 말과 고려 초에 세워졌으며, 무진사(無津寺)의 존재를 추정할 수 있는 귀중한 자료라고 한다. 지나온 굴산사 당간지주, 신복사지 삼층석탑, 대창리와 수문리 당간지주 위치로 미루어 볼 때, 그 시절에는 요즘 교회처럼 절이 마을 한가운데 자리 잡고 있었던 게 아닐까?

돌부처에 민초들의 염원이 담겨있다.

선교장(船橋莊) 열화당(悅話堂)이다. 은은한 클래식이 울려 퍼진다. '제5회 강릉선교장 고택 음악회'를 준비하며, 한지윤과 이현옥이 호흡을 맞추고 있다. 한지윤과 이현옥한테 명함을 받았다. 한지윤은 독일 프라이부르크 국립음대 최고연주자 과정과 프랑스 스트라스부르 국립음대 최고연주자 과정을 졸업한 후, 제53회 뉘른베르그 국제 오르간 콩쿠르에서 한국인 최초로 1위 입상을 하였다. 현재 예술마을 배다리 대표와 성결대 객원교수로 있다. 이현옥도 독일 프라이부르크 국립음대 전문연주자 과정과 독일 뮌헨 국립음대 최고연주자 과정을 졸업하고 현재 충남교향악단 수석으로 있다.

명함은 "당신은 어떤 사람입니까?"라고 물었을 때 "나는 이런 사람입니다"라고 말하는 것이다. 우리 사회는 아무리 실력이 좋아도 일단 스펙이 거시기(?)하면 불리하다. 그래서 SKY대학에 목을 매는 것이다. 겉으로는 공정한 척 하지만 속으로는 학연, 지연, 혈연으로부터 자유롭지 못하다. 그래도 과거에 비하면 공정하고 투명해졌다.

솔직히 말해서 나는 '오보에'가 클래식 곡명인 줄 알았다. 김동걸은 "'오보에'는 관현악기의 키잡이 역할을 하는 핵심 악기"라고 했다. 이현옥에게 부탁했다. 한 곡만 연주해 줄 수 없겠냐고. 이현옥은 한지윤의 오르간 반주와 함께 '넬라 판타지아(Nella Fantasia)'를 연주하기 시작했다. '넬라 판타지아'는 1986년 영화 '미션' 테마곡으로 가브리엘 오보에(Gabriel's Oboe)에 이탈리아 가사를 붙여 만든 노래다. 2004년 팝페라 테너 임형주가 세 번째 앨범에 수록하였고, 2010년 〈KBS〉 2TV '남자의 자격' 합창단이 합창 버전으로 편곡하여 널리 알려졌다.

열화당 툇마루에 걸터앉아 눈을 감고 소리에 집중했다. 숨소리조차 들리지 않았다. 단풍으로 곱게 물든 고즈넉한 고택 앞뜰에 가을 햇살을 타고 '넬라 판타지아'가 울려 퍼졌다. 아! 이건 축복이었다. 고택과 클래식이 만나고, 자연과 인간이 만나 이루어낸 조화의 극치였다. 연주가 끝나자, 환호성과 함께 큰 박수가 터져 나왔다. 걷는 내내 긴 여운을 남기며 감동이 밀려왔다. '강릉 선교장 고택음악회'는 고택과 클래식의 만남이라는 참신한 아이디어로 선교장을 알리고 클래식의 대중화에 앞장서고 있다.

"음악은 따로 배우지 않아도 얼마든지 감명받을 수 있는 예술이다. 음악은 굶주린 영혼을 치유하는 알약과 같다." 미국 보스턴 심포니오케스트라 상임 지휘자 안드리스 넬손스의 말이다.

김시습기념관이다. 김시습(1435-1493)은 강릉김씨 시조 김주원의 23세손이다. 아버지는 김일성(金日省), 어머니는 울진장씨다. 자(字)는 열경(悅卿), 호는 매월당(梅月堂), 법명은 설잠(雪岑)이다. 서울 명륜동에서 태어나 8

개월 만에 글을 썼고, 다섯 살 때 세종 앞에서 '삼각산시(三角山詩)'를 지어 비단 50필을 받으며 오세동자(五歲童子)로 이름을 떨쳤다. 김시습의 천재성을 알려주는 일화가 전해온다. 김시습의 어머니가 아들 손을 잡고 밤길을 걸어가며 물었다. "애야, 밤하늘에 별이 몇 개인 줄 아느냐?" "예, 840개입니다." "어떻게 셈을 했느냐?" "북쪽 하늘을 보니 별이 백백하고, 남쪽 하늘도 백백하고, 동쪽과 서쪽 하늘에도 백백합니다. 그래서 백백백백백백백백하여 8백개이고, 가운데는 별이 스물스물해서 40개입니다." 다섯 살 어린아이 입에서 어떻게 이런 말이 나올 수 있겠는가? 천재는 어릴 때부터 남다르다.

김시습 자화상

국사학자 이덕일은 《조선이 버린 천재들(김시습편)》에서 김시습이 전국적인 명성을 날리는 '국민신동'으로 알려지게 된 계기를 《해동잡록(海東雜錄)》에 나오는 이야기를 빌어 이렇게 전한다.

"세종은 김시습이 다섯 살 때 승정원으로 불러 지신사(知申事) 박이창(朴以昌)에게 명해 물었다. 박이창이 무릎 위에 앉히고 세종을 대신해 '네 이름을 넣어 시구를 지을 수 있느냐?'라고 묻자 '올 때 포대기에 싸인 김시습(來時襁褓金時習)'이라고 했고, 또 벽에 걸린

산수도(山水圖)를 가리키면서 '네가 또 지을 수 있느냐?'라고 하자, '작은 정자와 배 안에는 누가 있는고(小亭宅舟何人在)'라고 했다. 박이창이 대궐로 들어가 아뢰니, 세종은 '성장하여 학문이 이루어지기를 기다려 장차 크게 기용하리라'라는 전교를 내리며, 비단 30필을 가져가게 했더니, 끝을 서로 이어서 끌고 나갔다. 이때부터 김시습은 '김오세(金五歲)'라는 별명으로 널리 알려졌다."

김시습이 열다섯 살 되던 해에 어머니가 돌아가시자 강릉에서 3년간 시묘살이를 하였고, 스물한 살 되던 해(1455년) 세조가 조카 단종의 왕위를 찬탈하자, 입산하여 승려가 되었다. 스물한 살 때부터 스물아홉 살 때까지는 관서(關西)와 관동(關東) 호남(湖南)을 두루 다니며《유(遊)관서록》,《유관동록》,《유호남록》을 썼다. 서른한 살 때부터 서른일곱 살 때까지는 경주 금오산 남쪽 용장사에 들어가《금오신화(金鰲新話)》등 여러 시문집을 지었다. 그는 끓어오르는 울분을 글로 달랬고, 울분이 자양분이 되어 한문소설이 탄생했다. 역시 명작은 고난의 용광로 속에서 탄생하는가 보다. 마흔아홉 살 때부터 쉰여섯 살 때까지 강릉, 양양 등지를 돌아다녔고, 쉰일곱 살 때 설악산 오세암에 입산하였다 쉰아홉 살 되던 1493년(성종 24년) 부여 무량사(無量寺)에서 입적하였다. 무량사에는 작자 미상인 김시습의 초상화가 남아있다. 김시습의 임종 시 '아생(我生)'에 소회(所懷)가 담겨있다.

百世標余壙(백세표여광) : 백년 뒤 내 무덤에 비석을 세울 때

當書夢死老(당서몽사로) : 꿈속에 살다 죽은 늙은이라 써 준다면

庶幾得我心(서기득아심) : 거의 내 마음 알았다 할 것이니

千載知懷抱(천재지회포) : 천년 뒤 내 마음 알아나 주었으면

후대의 평가는 극과 극이다. 퇴계 이황은 "매월당은 한갓 괴이한 사람으로 궁벽스러운 일을 캐고, 괴상스러운 일을 행하는 무리에 가깝지만, 그가 살던 시대가 어지러웠기 때문에 그의 높은 절개가 이루어졌을 뿐이다"라고 했고, 율곡 이이는 "절의를 표방하고 윤기(倫紀)를 붙들었으니, 그 뜻을 궁구해보면 가히 일월(日月)과 빛을 다툴 것이며, 백대의 스승이라 하여도 또한 근사할 것이다"라고 했다. 역사학자 이덕일은 "두 대유의 다른 평가는 실상 김시습에 대한 서로 다른 판단에서 비롯되는 것이다. 김시습은 불교에 입도해 선도에 심취했지만 그 철학적 기초는 물질을 중시하는 기(氣)철학이었다. 만물의 본질을 이(理)로 보는 주자학의 주리론이 사대부 지배체제를 합리화하기 위한 이념임을 간파하고 주기론을 주창했다. 이황은 주리론자였고, 이이는 주기론자였다. 이황이 왜 김시습을 혹평하고, 이이가 왜 극찬했는지 미루어 짐작할 수 있다"고 했다.

선조는 《매월당 전집》을 활자본(목판본이 아닌 활자본이라는 건 그만큼 널리 배포하였다는 뜻이 담겨있다)으로 펴내어 기렸다. 정조는 청간공(淸簡公)이란 시호(諡號 : 사후 공을 기려 내리는 호)를 내리고 이조판서로 추증(追贈)하였다. 1769년에 세워진 청간사(강릉시 성산면 보광리)에는 영정과 위패를 모시고 매년 춘분에 제향하고 있다. 기념관 뒤 창덕사(彰德祠)에서는 1994년부터 매년 음력 4월 19일 제향하고 있다. 강릉시는 2004년부터 김시습기념관을 만들어 얼을 기리며 선양(宣揚)에 힘쓰고 있다.

사람은 시대를 잘 타고 나야 된다. 아무리 뛰어나도 시대를 못 만나면 쓰임을 받지 못한다. 정치권력은 선도 아니고 악도 아니다. 어떤 자는 정치권력에 몸담은 천재를 권력과 타협했다고 비판하지만, 능력을 발휘하여 나라발전에 기여하고, 국민의 삶을 보듬어 줄 수 있다면 좋은 일이 아니겠는가?

매월당도 과거시험에 응시한 적이 있다. 한 번은 그가 열여섯 살 되던 해(1450년 세종 32년) 사마시(司馬試 : 과거시험에는 소과와 대과가 있다. 소과에는 진사시와 생원시가 있고, 대과에는 문과와 무과가 있다. 진사시와 생원시는 초시와 복시를 거쳐야 하고, 문과와 무과는 초시, 복시, 전시를 모두 거쳐야 한다. 사마시는 진사시와 생원시를 말하며 지금의 9급이나 7급 공무원시험과 유사하다)에 나가서 급제하였고, 또 한 번은(1453년 단종 1년) 대과의 증광별시(增廣別試 : 과거시험은 3년마다 정기적으로 있는 식년시가 기본이었으나, 임금 즉위같이 나라에 경사스러운 일이 있을 때 추가시험을 치렀는데 이것이 별시다. 별시에는 증광시, 알성시, 정시 등이 있다)에 나가서 낙방의 쓴맛을 보기도 했다. 천재 소리를 듣던 자가 자기보다 못한 친구는 붙었는데 낙방했으니 얼마나 실망이 컸겠는가? 만약 세조의 왕위 찬탈이 없었더라면 김시습은 반골기질이 강한 사헌부나 사간원 관리가 되지 않았을까?

율곡은 시험의 귀재다. 아홉 번 봐서 아홉 번 모두 수석 합격했다. 우선 13살 때(1548년 명종 3년) 사임당의 권유로 진사시 초시를 봤는데 덜컥 수석으로 붙어버렸다. 복시까지 봐야 진사가 되는데 그냥 시험 삼아 본 것이다. 두 번째는 23살 때 문과별시 초시에 수석으로 붙었다. 29살 때는 시험이라고 생긴 것은 모조리 수석을 휩쓸었다. 생원시 초시와 복시, 진사시 초시와 복시, 식년문과 초시와 복시, 전시까지 모조리 수석이었다. 13살과 23살 때 수석 합격한 것까지 해서 당대 사람들은 그를 구도장원공(九度壯元公)이라 불렀다. 매월당은 초야로, 율곡은 권력으로 각각 다른 길을 갔다. 매월당의 삶을 존경하는 자도 있고, 율곡의 삶을 존경하는 자도 있다. 만약 당신에게 같은 상황이 주어진다면 어떻게 하겠는가?

경포 가시연습지 가는 길에서 김승남을 만났다. 김승남은 업무가 끝나면 스마트 폰을 들고 포켓몬스터에 빠져든다. 휴일에는 온종일 경포호에서 산다. "오늘은 몇 마리 잡았어요?"라고 묻자, 너털웃음을 터뜨리며 "한 마리도 못 잡았어요"라고 한다. 혹시 경포호를 걷다가 김승남을 만나거든 격려(?) 좀 해 주시라. 이렇게 일상에서 재미를 얻을 수 있는 공간이 있다는 건 축복이다. 당신에겐 이런 공간이 있는가? 자세히 살펴보면 사방이 놀이터다. 최규진이 다가온다. 최규진은 평창 진부 사람이다. 2018년 11월 강릉에 첫 얼음이 얼었을 때 옥계지역 우편물을 배달하다 빙판길에 넘어져 발목과 정강이뼈가 부러졌다. 2019년 12월부터 전국 우체국에 우편배달용 친환경 초소형 전기차가 1천대 보급되었다. 집배원 안전사고를 줄이고 이산화탄소 배출량을 줄이는 데 도움이 되었으면 한다.

허난설헌 생가 금강소나무 숲이다. 호서장서각(湖西藏書閣)터 표지판이 서 있다. 전 오죽헌 강릉시립박물관장 정항교는 2019년 7월 15일자 〈강원일보〉 기고문에서 허균과 호서장서각에 대해 이렇게 말했다.

"'벼슬을 그만두고 고향으로 내려가 만 권의 서책 중에 좀 벌레가 되어 책 읽는 즐거움으로 노후를 즐길 수 있으니 이 어찌 기쁘지 아니한가!' 허균이 우리나라 최초 사설도서관 격인 호서장서각을 세우고 쓴 기문의 일부다. 1602년 강릉부사 유인길이 임기를 마치고

돌아가면서 친구 허균에게 공납하고 남은 명삼을 주자 허균은 사사로이 쓸 수 없고 고을 선비들과 같이 써야 한다며 중국으로 가는 사신 일행에게 부탁해 귀중한 서적을 구해 오게 하였다. 당시 만 권이나 되는 전적을 고향으로 보내 경포 호반에 있던 누각 하나를 비우고 서책을 소장하게 한 다음, 고을 선비 누구에게나 빌려 읽게 하였다. 호서장서각은 허난설헌 고택 인근으로만 추정할 뿐 그 터는 확실치 않으나 우리나라 사설도서관의 시초이자 인문도시 강릉을 낳게 한 계기가 되었다."

가을은 독서의 계절이다. 허균과 호서장서각을 생각하며 마음의 등불을 켜 보지 않겠는가? 초당 강릉원주대 홍보관이다. 2017년부터 강릉원주대학교 소비자생활협동조합에서 'Cafe 해람'을 열어 비수익사업으로 운영하고 있다.

카페운영자가 환하게 웃으며 16구간 배지를 2개씩 나눠준다. 길 걷는 자에게 베푸는 친절이다. 달라이라마는 "나의 종교는 친절이다"고 했다. 소설가 김훈도 "내가 죽고 난 다음, 나를 작가가 아닌 친절했던 사람으로 기억해주었으면 좋겠다"고 했다. 친절은 만사형통(萬事亨通)이다. 당신은 죽고 난 다음 어떤 사람으로 기억되었으면 좋겠는가?

후기

길은 학교였다.
길은 책이요 스승이었다.
길 위에는 음악도 있고 미술도 있고 역사와 체육도 있었다.
바우길을 걷고 나면 어김없이 글 몸살을 앓는다. 나는 현장 취재기자처럼 걷는 내내 들여다보고, 물어보고, 메모하느라 분주했다. 어떤 자는 뭘 그렇게 적느냐고 했지만, 그건 몰라서 그렇다. 메모는 글쓰기의 기본이다. 글 안 쓰고 홀로 여유롭게 걷는 답사를 상상해 본다.

Baugil Course

6km

17구간_ 안반데기 구름길

안반데기를 아십니까?

벌써 40년 전 일이다.

빨간 모자를 눈썹까지 푹 눌러쓰고 갓 입소한 장정을 무섭게 다그치던 논산훈련소 조교는 강원도 출신 훈련병을 '비탈'이라 불렀다. 그는 "강원도 촌놈들은 산을 많이 타서 그런지 행군과 각개전투를 잘 한다"고 칭찬하곤 했다. 강원도 소주 브랜드도 한때 '山'이었다. 그런데 '비탈' 또는 '암하노불(巖下

老佛)', '감자바우'로 불리던 강원도가 이제는 관광지와 휴양지가 되었고, 고랭지 채소를 재배하는 금싸라기 땅이 되었다.

안반데기는 '안반덕'의 강릉 사투리다. 안반(案盤)은 떡이나 인절미를 치는 받침대다. 해발 1,100m 산비탈에 약 60만 평 고랭지 채소밭이 독수리 날개처럼 펼쳐져 있다. 안반데기는 나무와 돌멩이뿐이었던 산비탈이 어떻게 배추밭이 되었는지 한눈에 보여주는 상전벽해(桑田碧海)의 현장이다. 산비탈을 개간하느라 얼마나 고생을 했을까? 하루 종일 멍에를 메고 주인과 함께 돌밭을 갈던 소도 고된 노동에 시달렸다. 안반데기는 1965년 박정희 대통령 시절 화전민 이주정책의 일환으로 이곳에서 농사를 지으면, 집도 지어주고 토지도 불하해 준다고 했다. 화전민은 나무와 돌을 뽑아내고, 감자와 옥수수를 심었지만 제대로 되지 않았다. 가을에는 도토리가루로, 겨울에는 헬기로 떨어뜨려준 밀가루와 보리쌀로 연명해야 했다. 안반데기는 밤낮의 일교차가 크고 바람이 세서 다른 작물은 살지 못하고, 배추만 살아남았다. 고랭지에서 자란 배추는 육질이 두텁고 맛이 달다. 일교차가 큰 탓이다. 사람도 성공과 실패를 거듭하며 내공이 쌓인 자는 눈빛이 다르다. 강릉우체국 이동준은 "돌아가신 어머니와 함께 안반데기에서 배추농사 일꾼으로 일했던 때를 회상하며 흔들릴 때마다 마음을 다잡았다"고 했다.

이번 구간은 '안반데기 운유(雲遊)길'이다. 마을회관에서 멍에전망대와 일출전망대, 성황당을 잇는 약 6km 밭두렁길이다. 강릉시내에서 안반데기로 오려면 커피박물관과 닭목령을 거쳐 삼거리에서 우회전 하면 된다. 처음 온 자를 소개했다. 최미경은 강릉 성산 사람이다. 밝고 맑고 수줍다. 장덕진은 인제 사람이다. 얼굴에 정직과 성실이라고 쓰여 있다. 인제 사는 김광진은 바우길 완주를 위해서 새벽을 헤치며 미시령을 넘었다. 손순애는 깔끔하고 명민하다. 옳은 소리도 부드럽게 해서 인기가 많다.

마을회관 입구에 1966년 5월 화전민이 세운 공덕비가 서 있다. 주인공은 강원도지사 박경원(1963-1969), 명주군수 이상혁(1964-1967), 왕산면장 최경선이다. 공덕비는 원래 피덕령 한구석에 초라하게 서 있던 것을 풍차길을 넓히면서 이곳으로 옮겨왔다. 그런데 아쉽게도 화전민 공덕비는 없다. 왜 없을까? 작은 기념비를 만들고 화전민 이름을 새겨 주었더라면 얼마나 좋았을까?

조선에는 공사에 동원되었던 민초들의 이름을 남겨준 임금이 있었다. 정조다. 정조는 수원 화성공사에 동원되었던 평민과 노비, 승려의 이름을 기록하고, 짐 수와 운반 거리에 따라 노임을 주었다. 《화성성역의궤》에 그들의 이름이 나온다. 신분에 차등을 두지 않고 임금을 지급하며 그들의 사기를 올려준 결과, 처음 10년으로 예상하였던 성역 공사를 2년 9개월 만에 완공할 수 있었다. 박현모는 《정조평전》에서 "수원 화성 남문인 팔달문에는 공사에 참여한 85명의 이름이 새겨져 있고, 《화성성역의궤》에는 작은 끌톱장이, 김삽사리(金揷士伊), 목수 박뭉투리(朴無應土里) 같은 숱한 평민의 이름을 만날 수 있다"고 했다. 민초를 내 몸처럼 사랑했던 정조 이산의 따뜻한 마음이 전해진다. 한국인은 마음만 맞춰주면 아무리 힘든 일도 몸이 부서져라 일하는 DNA가 있다. 만약 민초들을 강제 노역시키며 혹독하게 부렸더라면 어떻게 되었을까? 공덕비와 《화성성역의궤》를 보며 리더란 무엇이고, 어떻게 살아야 하는지 곰곰이 생각해 보게 된다.

배추 없는 안반데기는 썰렁하다. 5월 초에 가을배추를 심고 8월 말쯤 수확하여 가락동 농산물시장으로 팔려나간다. 우리나라 3대 고랭지 채소밭으로 태백 매봉산, 하장 귀네미골, 강릉 안반데기가 있다. 왕산우체국장 유재봉은 "올해 배추 농사를 지은 사람은 돈을 벌었지만, 계약재배에 투자했던 사람들은 재미를 못봤다"고 했다. 농사도 투자다. 모든 투자는 위험을 안고 있다. 안반데기 집배원 이원오는 "안반데기에는 15가구가 사는데, 배추농사가 끝나면 강릉 시내에 있는 집으로 내려갔다가 다음해 5월초쯤 올라온다. 안반데기는 비탈이 심해 배추모종을 심고, 물을 주고, 농약을 치고, 수확하는 작업을 사람이 일일이 하고 있다. 5월이 되면 한 가구당 일꾼 30여 명이 올라와서 개미처럼 달라붙어 일한다. 대부분 계약재배를 하고 있어 '밭주인은 망해도 3억은 번다'는 말이 있을 정도다"라고 했다. 지금이야 먹고 살만 하지만 세상에 어디 공짜가 있겠는가?

피덕령(1,009m)이다. 고루포기산과 옥녀봉, 멍에전망대 가는 길이 갈린다. 안반데기 전경이 한눈에 들어온다. 이곳은 1996년 9월 28일 강릉 안인진으로 침투했던 무장공비가 국군의 추격을 피해 칠성산과 피덕령을 지나 평창군 도암면(현재 대관령면) 수하리 쪽으로 도주했던 곳이다. 홍광호가 강아지풀을 손바닥에 비비며 마술을 부린다. 자연 앞에 서면 순수해진다. 가면과 체면을 벗고 어린아이가 된다. 예수도 "너희가 생각을 바꾸어 어린아이같이 되지 않으면 결코 하늘나라에 들어가지 못할 것이다"라고 했다. 어린이는 어른의 스승이다.

멍에전망대(1,090m)다. 멍에는 소가 밭갈이할 때 쟁기를 끌기 위해 목에 얹는 구부러진 막대기다. 안내판에는 "소와 한 몸이 되어 척박한 밭을 일구던 화전민의 애환과 개척정신을 기리고자 밭에서 나온 돌을 모아 2010년 전망대를 세웠다"고 했다. 아! 그렇다. 안반데기에는 화전민만 아니라 소도 있었다. 멍에를 메고 주인과 함께 돌밭을 갈다가 죽어간 소의 땀과 눈물도 배어있다. 김성호는 "김수희의 '멍에' 노래 가사가 떠오른다"고 했다. 풍경은 추억을 자아낸다. 아련하고 따뜻한 추억이 많으면 많을수록 행복하다. 고루포기산과 닭목령, 삽당령을 잇는 하얀 풍차가 몽환적인 풍경을 만들어낸다. 풍경 안에 보이지 않는 또 다른 풍경이 있다.

집배원 이원오는 "풍차가 일으키는 바람 때문에 풍차 주변에는 농작물이 자라지 못한다. 풍차 날개를 실은 차량이 올라오려고, 도로를 넓히는 바람에 관광객 접근이 쉬워졌다"고 했다. 무슨 일이든 빛이 있으면 그늘도 있다. 그는 곧 추워진다고 월동 장비를 챙기고 있었다. 폭설과 강풍, 혹한을 뚫고 오지마을 우편물을 배달하는 집배원의 노고를 생각하면 가슴이 아려온다.

평범한 일상에는 보이지 않는 곳에서 제 역할을 묵묵히 해내고 있는 공직자가 있다. 여자들이 막걸리, 사과, 삶은 옥수수를 꺼낸다. 남자들은 빈손으로 와서 받아먹기에 바쁘다. 전망대를 내려서자 '올림픽 아리바우길' 이정표가 나타난다. '올림픽 아리바우길'은 '2018 평창동계올림픽'을 기념하여 만들었다. 평창올림픽의 '올림픽'과 정선 아리랑의 '아리', 강릉 바우길의 '바우'를 따서 지었다. 정선 5일장, 나전역, 구절리역, 배나드리, 안반데기, 대관령휴게소, 보광리 자동차마을, 명주군왕릉, 송양초등학교, 경포해변에 이르는 9개 코스 132km 길이다. 선질꾼과 보부상의 애환이 굽이굽이 서려 있는 역사의 길이다.

느린 우체통

느린 우체통이다. 왕산면 대기 4리 '안반데기 운유 영농조합법인'에서 운영한다. 손편지는 느리지만 울림과 감동이 있다. 우리는 어딜 가나 '빨리 빨리'다. 메모나 기록을 남기자. 글을 쓰면 다녀온 곳을 돌아보게 되고 생각의 편린(片鱗)도 건져 올릴 수 있다. 글쓰기는 또 다른 여행이다. "삶은 속도가 아니라 방향이다." 철학자 괴테의 말이다.

돌탑 쌓는 김진

일출 전망대다. 김진이 돌탑에 돌 하나를 올렸다. 돌탑에는 소망과 기원이 담겨 있다. 돌탑 쌓는 마음이 불심이다. 젊은이 두 명이 서 있다. 해발 1,130m에서 야영하며 밤새도록 얘기를 나누었다고 했다. 자연은 언제나 내 편이 되어 주는 어머니요, 홀로 있어도 말을 걸어오는 친구다. 두 젊은이가 세상으로 나아가 씩씩하게 살아가기를 빈다.

배추밭에 전기선을 둘렀다. 노루와 고라니 산돼지 등 산짐승과 사람의 접근을 막는 이중효과가 있다고 한다. 먹이를 두고 사람과 동물이 죽기 살기로 싸우고 있다. 사람과 동물은 공존할 수 없는 걸까? 생태학자 최재천 교수의 '멧돼지를 위한 변호(2019. 11. 5. 〈조선일보〉)'를 들어보자.

"우리는 닭이나 오리가 고병원성 조류인플루엔자(AI)로 폐사하면 다짜고짜 철새에게 혐의를 뒤집어씌우는데 가만히 보니, 그들은 변호사를 고용할 돈도 없고 스스로 변론할 능력도 없어 참다못해 변호를 자처했다. 고병원성 AI에 감염된 철새는 아픈 몸을 이끌고 농가까지 날아가 바이러스를 배달할 만큼 친절하지도 않다. AI 바이러스는 거의 언제나 인간이 옮긴 것으로 드러났고 공장식 밀집사육 때문에 급속도로 확산된다. 철새는 가해자보다 피해자일 확률이 훨씬 높다. 아프리카 돼지열병(ASF)사태 역시 한 치도 틀림없는 판박이다. 북아프리카 사하라 지방에 사는 혹돼지는 선천적으로 내성을 지녀 발병하더라도 개체군 일부만 죽어나갈 뿐이다. 감염된 집돼지와 사료가 유럽과 아시아로 유통되는 과정에서 우리나라까지 다다른 것이다. ASF는 AI와 달리 직접감염으로 전파되기 때문에 감염된 돼지가 동네방네 날뛰며 바이러스를 흩뿌리지 않는 한 감염률은 극히 낮을 수밖에 없다. 자연에서 전파속도는 1년에 8~17km에 지나지 않는다. 폐사한 멧돼지를 격리하는 것은 바람직하나, 억울한 누명을 씌우고 대량으로 학살하는 것은 결코 옳지 못하다. 멧돼지 역시 가해자가 아니라 피해자일 가능성이 훨씬 높다."

문제는 동물이 아니고 인간이다. 동물을 잡아먹고, 병이 난 인간들이 이곳저곳 돌아다니며 병을 옮기는 것이다. 동물은 무죄다. 동물은 먹을 만큼 먹으면 욕심내지 않는다. 산짐승은 먹고 살게 없어서 민가로 내려왔다가 총에 맞아 죽고, 덫에 걸려 죽고, 감전되어 죽고, 차에 부딪혀 죽는다. 산짐승은 그야말로 죽기 살기로 살고 있다. “사람이 짐승보다 나을 것이 무엇인가! 다 티끌에서 왔다가 티끌로 돌아가는 것을!” 성경 전도서에 나오는 말이다.

배추밭에서 젊은 농부가 계분(鷄糞)을 뿌리고 있다. 닭똥을 말려 가루로 만든 것이다. 농부는 “배추를 뽑은 다음, 밭에 뿌려서 독성을 중화시켜야 내년 봄에 모종을 심을 수 있다”고 했다. 무슨 일이든 때가 있다. 씨 뿌릴 때가 있으면 거둘 때가 있다. 맑은 눈과 텅 빈 마음으로 세상을 바라보면, 보이지 않던 것이 보이기 시작한다. 지금은 농부의 눈과 농부의 마음이 필요한 때다.

성황당이다. 성황당은 바닷가 포구에도 있었고 심심산골에도 있었다. 그 옛날 깊은 산속에서 의지할 게 없었던 민초에게 성황당은 큰 위안이었다. 어릴 적 추억이 되살아난다. 고향 묵호에도 성황당이 있었다. 봄이 되면 벚꽃이 만발했고 아이들은 담장을 사이에 두고 돌팔매질을 하며 격하게 놀았다. 초등학교 2학년 때였다. 그날도 돌싸움이 벌어졌다. 담장 안에서 밖을 빼끔히 내다보고 있었는데, 갑자기 별이 번쩍했다. 담장 밖에서 날아온 뾰족한 돌이 오른쪽 이마를 때렸다. 얼굴은 피범벅이었다. 이마를 잡고 데굴데굴 뒹굴었다. 동네 큰 형은 나를 들쳐 업고, 연락을 받고 급히 달려온 어머니와 함께 병원으로 달려갔다. 내 오른쪽 이마에는 실로 꿰맨 흉터가 남아 있다. 흉터를 만질 때마다 그날 흘러내리던 비릿한 피 냄새와 차츰차츰 멀어져가던 아이들의 다급한 목소리가 되살아난다. 잊지 못할 ‘성황당의 추억’이다.

다시 안반데기 마을회관이다. 바우길은 고해소였다. 함께 했던 자들은 오래 묻어두었던 아픈 상처를 보여주었고, 못다 했던 이야기도 털어놓았다. 길

안반데기 성황당

은 의사였다. 걷다 보면 상처가 나았고 고민도 해결되었다. 나만 아프고 나만 힘든 게 아니라, 나보다 더 아프고 더 힘들어하는 자도 많다는 걸 알게 되었다. 지금 내 삶이 보이지 않는 수많은 사람들의 헌신과 노고에 기대어 있다는 것도 알게 되었다. 바우길은 강릉의 사람과 자연이 빚어낸 '교향악'이요 묵언으로 가르침을 준 큰 스승이었다. 강릉 바우길이여! 영원하라!

왕산우체국장 유재봉은 바우회 회원을 집으로 초청했다. 그는 산나물과 안반데기 양배추를 삶고, 주문진 오징어로 덮밥을 만들었다. 박말숙은 복분자주를 꺼냈고, 김진식과 이명호는 돌배주와 문어를 꺼냈다.

며칠 후, 해단식에는 바우길 사무국장 이기호와 운영실장 권미영이 참석하여 완주 메달을 걸어주고, 인증도장이 찍힌 바우수첩을 나눠주었다. 그날 모두 한마디씩 했다. 건배사를 시키면 손사래 치던 자들도 그날은 오래 말했고, 깊이 취했다.

에필로그 Epilogue

이 책은 오랜 고뇌와 번민의 소산이었다

책 내는 일은 여전히 외롭고 고달팠다.

나는 노트북을 들고 매일 같이 대학교 도서관을 오갔다. 점심은 어린학생들 틈에 끼어 학생회관에서 '혼밥'으로 때웠다. 도서관에서 원하던 자료를 찾았을 땐, 어린아이처럼 좋아서 어쩔 줄 몰랐고, 빌려온 책을 들고 돌아와 밤늦게까지 읽고 썼다. 마치 내가 강릉 홍보 대사라도 되는 듯, 강릉의 인물과 역사에 깊이 빠져들었다.

잡념과 유혹도 수시로 찾아왔다. 여행도 가고 싶고, 사람도 만나고 싶었다. 그때마다 정진하는 수도승처럼 의자에 엉덩이를 붙이고 앉아 마음의 고삐를 단단히 붙들어 맸다. 사람도 만나지 않았다. 답답할 때는 원주 굽이길과 법천사지, 거돈사지 등 옛 절터를 찾으며 마음을 달랬다. 오랫동안 찾지 못했던 도시 근교 야산도 홀로 오르내렸다.

글쓰기를 계속할 수 있었던 것은 바우길에서 함께했던 시간을 기록으로 남겨야 한다는 작가로서의 자존심과 의무감 때문이었다. 《바우길 편지》에는 순수하고 절절한 강릉 사랑이 배어있다. 이 책은 과문한 자의 오랜 고뇌와 번민의 소산이다. 혹여 아쉽고 부족한 점이 있었다면 머리 숙여 혜량(惠諒)을 청한다.

나는 이제 오랫동안 몸담았던 우체국을 떠나 '한 번도 가보지 않은 길'을 걸으려 한다. 설렘과 두려움이 교차한다. 넘어지고 흔들릴 때마다 바우길에서 함께했던 아름다운 시간을 떠올리며 오뚝이처럼 다시 일어설 것이다. 이 책을 강릉 시민과 바우길을 사랑하는 사람들 그리고 대한민국 우체국 사람들에게 바친다.

참고문헌

1. 《江陵市史》 상권(1996., 강릉문화원)
2. 《걷는 사람 하정우》(하정우 지음, 문학동네)
3. 《어떤 양형 이유》(박주영 지음, 김영사)
4. 이순원, 〈이투데이〉 인터뷰(2015. 7. 9.)
5. 《단원 김홍도》(오주석 지음, 솔)
6. 《강원향토대관》 상권(〈강원도민일보〉)
7. 《한국일생의례사전》(국립민속박물관)
8. 《침묵의 봄》(레이첼 카슨 지음, 에코리브르)
9. 네이버 지식인(in), 조광현 인터뷰(2018. 12. 23., 〈한겨레〉)
10. 한삼희 환경칼럼(2018. 10. 27., 〈조선일보〉)
11. 《글로벌 그린뉴딜》(제러미 리프킨 지음, 민음사)
12. 《자전거 여행 1》(김훈 지음, 창비)
13. 《방약합편》(남산당)
14. 《손잡고 더불어》(신영복 지음, 돌베게)
15. 《21세기를 위한 21가지 제언》(유발 하라리 지음, 김영사)
16. 〈이코노미 조선〉, 2017년 5월호(테라로사 대표 김용덕 인터뷰)
17. 〈월간 샘터〉, 2017년 4월호(보헤미안 대표 박이추 인터뷰)
18. 《하루 사용 설명서》(김홍신 지음, 해냄출판사)
19. 네이버 케스트, 2014년 8월(조순 인터뷰)
20. 《살아온 기적, 살아갈 기적 》(장영희 지음, 샘터)

21. 《매달린 절벽에서 손을 뗄 수 있는가?》(강신주 지음, 동녘)
22. 《나의 문화유산답사기》 산사순례편(유홍준 지음, 창비)
23. '유엔 생물다양성과학기구 총회 보고서'(2012. 5. 6., 파리)
24. 〈나무위키〉, 〈위키백과〉, 통일부 블로그, 이광수 증언
25. 예비역 소령 이종갑 인터뷰(2011. 8. 26., 〈한국일보〉)
26. 《다산의 후반생》(차벽 지음, 돌베개)
27. 《바닷가 작업실에서는 전혀 다른 시간이 흐른다》(김정운 지음, 21세기북스)
28. 《여행의 이유》(김영하 지음, 문학동네)
29. 《당선, 합격, 계급》(장강명 지음, 민음사)
30. 탤런트 김혜자 인터뷰(2019. 6. 8., 〈조선일보〉)
31. 《90년생이 온다》(임홍택 지음, 웨일북)
32. 《한국천주교회사》(샤를르 달레 지음, 분도출판사)
33. '영동지역 천주교 시원과 사목활동'(가톨릭관동대, 김남현)
34. 《서울교구 연보》(1987., 한국교회사연구소)
35. 《강릉지역 지명유래사전》(1992., 김기설 지음)
36. 《흑산》(김훈 지음, 학고재)
37. 《다산독본 : 파란》(정민 지음, 천년의 상상)
38. 《나의 문화유산답사기》 6권(남한강편)(유홍준 지음, 창비)
39. 《조선이 버린 천재들 》(이덕일 지음, 옥당)
40. 《우리 산하에 인문학을 입히다》(홍인희 지음, 가지)

41. 《자연과 역사가 빚은 땅 강릉》(차장섭 지음, 역사공간)
42. '강원연구원 아침포럼', 생태학자 최재천 특강(2019. 7. 12., 강릉시청)
43. 영동총지사장 우승룡 기고문(2019. 7. 12., 〈강원일보〉)
44. 《정조평전》(박현모 지음, 민음사)
45. 대통령 행사기획 자문위원 탁현민 인터뷰(2019. 7. 22., 〈강원도민일보〉)
46. 《임영지(臨瀛誌)》(1993., 강릉문화원)
47. 《강릉의 누정자료집》(1997., 강릉문화원)
48. 《세상에서 가장 느린 달팽이의 속도로》(김인선 지음, 메디치미디어)
49. 《그거 봤어?》(김학준 지음, 이상미디랩)
50. 《새말의 향기》(주문진읍 승격 60주년 기념사업회)
51. 강릉국유림관리소 임용진 기고문(2018. 12. 3., 〈강원도민일보〉)
52. 《인생독법》(조용헌 지음, 불광출판사)
53. 《강릉 플러스》(2019년 9월호)
54. '여수만만'(김정운, 2018. 11. 28., 〈조선일보〉)
55. 《나는 그냥 버스기사입니다 》(허혁 지음, 수오서재)
56. 《한국지명유래집》 중부편
57. 《강릉의 풍수 스토리텔링》(2010. 3., 강릉문화원)
58. 《강릉 향토사 산책》(2004., 홍순석 지음)
59. 《내가 본 서양》(김성식 지음, 정우사)
60. 《유럽도시기행》 1권(유시민 지음, 생각의 길)

61. '만물상'(박은호, 2019. 11. 25., 〈조선일보〉)
62. 《지금부터 재판을 시작하겠습니다》(정재민 지음, 창비)
63. 《개의 사생활》(알렉산드라 호로비츠 지음, 21세기북스)
64. 농림축산검역본부 동물보호과 보도자료(2019. 7. 22.)
65. 《물 수 없다면 짖지도 마라》(윤치호 지음, 산처럼)
66. 《지금하지 않으면 언제하겠는가》(팀 페리스 지음, 토네이도)
67. 《여행자를 위한 도시의 인문학 강릉》(정호희 지음, 가지)
68. 《매월당 김시습》(이문구 지음, 가지)
69. 전 강릉시립박물관장 정항교 기고문(2019. 7. 15., 〈강원일보〉)
70. '멧돼지를 위한 변호'(생태학자 최재천, 2019. 11. 5., 〈조선일보〉)
71. 《조선이 버린 천재들》 허균 편(이덕일 지음, 옥당)
72. 《우리 성씨와 족보 이야기》(박홍갑 지음, 산처럼)
73. 《지리학자의 인문기행》(이영민 지음, 글담)

함께 나눌 수 있는 마음이 있기에

바우길은 강원도의 아름다운 자연과 함께한는 평화롭고도 건강한 길을 찾아내어 이를 관리하는 비영리단체입니다.

여러분이 바우길의 주인이자 이길과 함께 걷는 후원자가 되어 주십시오.